シリーズ
応用最適化
久保幹雄・田村明久・松井知己 編集

3

応用に役立つ50の
最適化問題

藤澤克樹・梅谷俊治 著

朝倉書店

まえがき

近年，大規模かつ複雑な最適化問題を高速に解く需要は様々な産業界や学術分野において急速に高まりつつあります．1947 年に線形計画問題に対する単体法のアルゴリズムが提案されていますが，ほぼ同時期に電子計算機が登場したこともあって，これまでの約 60 年間は最適化問題に対するアルゴリズムとソフトウェアが連動しながら目覚しい発展を遂げてきました．しかし，初期の頃は実社会から要求されるレベルに対して，特に計算機の能力が低かったこともあり，限定された分野において比較的に単純な最適化問題を解くことしかできませんでした．よって，実用に耐えうる複雑かつ大規模な最適化問題を扱うことができるようになったのは最近（21 世紀に入ってから）のことになります．

すでに最適化問題に対するアルゴリズムを解説した本は多数出版されています．また，最適化問題を実社会での問題に適用した事例集も多数入手することができます．しかし，すでに応用分野で使われている最適化問題，あるいは現在は学術分野で研究が行われているが，近い将来に応用分野で使われることになる問題を集めて解説した本が意外と少ないことに気が付きました．現在はインターネット全盛時代ですので，最適化問題についてもインターネットを通じて国内外から多くの情報を得ることができます．しかし，予備知識なしではインターネットでまず何を検索したらよいのか不明ですし，最近の最適化問題の学術分野での動向を個人で調べるのも大変ですので，取っ掛かりといいますかその助けになる最適化問題の応用の解説書が必要ではないかと思いました．そこで以下のような方針で本書を作成しました．

1) 現在多くの応用をもつ，あるいは今後幅広い応用が期待される最適化問題を中心に解説を扱う．
2) 最適化問題に対する基本的アルゴリズム（例えば線形計画問題に対する単体法など）は，すでに多くの教科書が出版されているので本書では扱わない．

3) 実際に最適化問題を解くためには，計算機上でソフトウェアを実行する必要があるので，最適化問題に対する情報技術の適用についても解説を行う．

最適化問題には様々な分類方法がありますが，本書では便宜上，数理計画問題と組合せ最適化問題に分けています．数理計画問題の方は主として藤澤が担当し，数理計画問題の応用に対して広く一般的に解説を行っています（第1～5，9章）．一方，組合せ最適化問題については，非常に有望であるが意外と今まで知られていなかった応用問題に絞って主として梅谷が解説を行っています（第6～8章）．対象となる分野が非常に多岐にわたりますので，時間やページ数の都合で扱うことができなかった応用問題も多数ありますが，他書にはあまり見られない特徴をもった本に仕上ったと思います．

本書は応用に役立つ最適化問題ということで，各章に様々な最適化問題（あるいは最適化手法）が合計50個ほど登場します．詳しくはp.viに明記しています．

最後に本書を作成するにあたりまして，原稿の校正などに協力していただきました中央大学の笹島啓史さん，安井雄一郎さん，また最適化問題に対する最新の情報技術の適用について有益なアドバイスをいただいたテキサス州立大学の後藤和茂先生に感謝します．

2009年7月

藤澤克樹・梅谷俊治

目　　次

本書に登場する最適化問題・最適化手法一覧

第 2 章 線形計画問題
線形計画問題　包絡分析法　多目的（線形）計画問題　確率分布の推定区分線形関数の最小化

第 3 章 整数計画問題
整数計画問題　混合整数計画問題　ナップサック問題 → 第 8 章　2 次割当問題　施設配置問題 → 第 6 章　巡回セールスマン問題　集合被覆問題 → 第 6 章　ロットサイズ決定問題　制約充足問題

第 4 章 非線形計画問題
微分不可能な目的関数をもつ制約なし最適化問題　相補性問題　変分不等式問題　均衡制約付き数理計画問題　（金融工学）平均・分散モデル　（金融工学）平均・絶対偏差モデル　（金融工学）条件付き CVaR 最小化問題　2 次錐計画問題

第 5 章 半正定値計画問題
半正定値計画問題　0–1 整数計画問題　グラフ分割問題　システムと制御分野への半正定値計画問題の応用　ロバスト最適化問題　ロバスト線形計画問題　ロバスト最短路問題　最小 2 乗法　ロバストチェビシェフ近似問題　多項式最適化問題　サポートベクターマシン　最小包囲楕円問題　双線形行列不等式

第 6 章 集合被覆問題
集合被覆問題 → 第 3 章　集合分割問題　乗務員スケジューリング問題 → 第 7 章　配送計画問題　施設配置問題 → 第 3 章

第 7 章 勤務スケジューリング問題
乗務員スケジューリング問題 → 第 6 章　乗務パターン作成問題　乗務員勤務スケジュール作成問題　看護師スケジューリング問題

第 8 章 切出し・詰込み問題
ナップサック問題 → 第 3 章　ビンパッキング問題　1 次元資材切出し問題　長方形詰込み問題　（長方形）ストリップパッキング問題　（長方形）面積最小化問題　（長方形）パレット積込み問題　多角形詰込み問題

第 9 章 最適化問題に対する情報技術の適用
量子化学分野における半正定値計画問題の応用　蛋白質立体構造解析

1 序　　　章

●1.1● 最適化問題 ●

本書では多くの応用をもつ，あるいは今後幅広い応用が期待される最適化問題を多数取り上げて解説していくが，第 1〜5 章では代表的な**最適化問題** (optimization problem) として**数理計画問題** (mathematical programming problem) を取り上げてみよう．最初に最適化問題について簡単に解説を行う．最適化とは複数の選択肢から最善のものを選ぶことであり，最適化問題を数学的に表現すると，与えられた**制約条件** (constraint) をすべて満たし，**目的関数** (objective function) $f(x)$ の値が最小または最大になるような**決定変数** (decision variable) x の値を見つける問題である．この場合は x は**最適解** (optimal solution) と呼ばれ，最適解は 1 つしか存在しない場合もあるが，反対に無限個存在する場合もある．一般的に最適化問題は次のように記述する．

$$\begin{aligned} &\text{目的関数} \quad f(x) \rightarrow \text{最小化（最大化）} \\ &\text{制約条件} \quad x \in F \end{aligned} \tag{1.1}$$

このとき F は**実行可能集合** (feasible set) あるいは**実行可能領域** (feasible region) と呼ばれており，制約条件を満たす**実行可能解** (feasible solution) の集合である．多くの最適化問題では実数を用いるので $F \subseteq \mathbb{R}$ としよう ($\mathbb{R}$ は実数全体の集合)．$x \in F$ ならば x は実行可能解と呼ばれる．また F が空集合のときには**実行不能** (infeasible) と呼ばれ，この場合には $x \in F$ を満たす x は存在しないので，最適解も存在しない．通常 F は変数 x に関する等式や不等式で構成されているが，数式で表現しにくい組合せ的な条件を含む場合もある．ただし最適化問題において最小化あるいは最大化という場合には少し注意が必要である．一般的には F に属する要素の中で最小元（あるいは最大元）を探すことが広義の最小化（最大化）であり，通常は最小化（min）や最大化（max）という記号を用いて以下のように記述する．

$$\begin{array}{ll}\text{最小化（最大化）} & f(x) \\ \text{制約条件} & x \in F\end{array} \tag{1.2}$$

ところが F が**非有界**（unbounded）の場合，つまり目的関数をいくらでも下げることができる場合には $f(x)$ の最小元は存在しない．そこで次のように最大下界と最小上界を定義してみよう．$x \in F$ であるすべての x に対して $b \leq x$ が成り立つ場合には b は**下界**（lower bound）であるという．b が下界ならば区間 $(-\infty, b]$ の要素はすべて下界であるので，この区間は下界集合になっている．このとき b のことを**最大下界**（greatest lower bound）あるいは**下限**（infimum ; $\inf F$）という．$\inf F$ は以下の 3 つの場合のとき，次のように定義される．

1) 下界集合が空である（F が非有界の場合）　$\rightarrow \inf F = -\infty$
2) 下界集合が実数全体（$\mathbb{R}$）である（$F = \emptyset$ の場合）　$\rightarrow \inf F = \infty$
3) 下界集合が $(-\infty, b]$ である　$\rightarrow \inf F = b$

同様に**最小上界**（least upper bound）あるいは **上限**（supremum ; $\sup F$）も以下のように定義される．

1) 上界集合が空である（F が非有界の場合）　$\rightarrow \sup F = \infty$
2) 上界集合が実数全体（$\mathbb{R}$）である（$F = \emptyset$ の場合）　$\rightarrow \sup F = -\infty$
3) 上界集合が $[b, \infty)$ である　$\rightarrow \sup F = b$

多くの本や例題では min と inf や max と sup を区別せずに用いている．実用上は前者を最小化，後者を最大化と表現しても不都合が生じることは少ない．そこで本書では最小化，最大化という表現を使用することにしよう．

次に以下のような簡単な最適化問題の例を考えてみよう．

$$\begin{array}{ll}\text{最小化} & 2x \\ \text{制約条件} & 1 \leq x \leq 5\end{array} \tag{1.3}$$

この場合では F は制約条件 $1 \leq x \leq 5$ を満たす x の集合である．例えば $x = 2$ は実行可能解であるが最適解ではない．最適解は $x^* = 1$ で最適

目的関数値（optimal objective value）あるいは**最適値**（optimal value）は $f(x^*) = 2 \times 1 = 2$ である．

また目的関数 $f(x)$ を F 上で最小化することと，$-f(x)$ を F 上で最大化することは等価である（$-f(x)$ とは目的関数 $f(x)$ のすべての係数の符号を反転させたもの）．よってこれ以降は最小化問題を中心に解説を行っていく．目的関数の最小化を目的とする実行可能な最適化問題に対して $\inf\{f(x) \mid x \in F\} > -\infty$ ならば，この最適化問題は**有界**（bounded）であるという．さらに $\inf\{f(x) \mid x \in F\} = -\infty$ ならば，この最適化問題は非有界であるという．非有界の場合には目的関数の値をいくらでも下げることができるので，最適解（最小解）は存在しない（このことは**線形計画問題**（linear programming problem ; LP）の双対定理において重要な意味をもつ）．例えば以下の問題は $\inf\{2x \mid x \leq 5\} = -\infty$ なので非有界である．

$$\begin{array}{ll} \text{最小化} & 2x \\ \text{制約条件} & x \leq 5 \end{array} \tag{1.4}$$

また以下の例では，$x \leq 5$, $x \geq 7$ を同時に満たす x が存在しないので，実行不能である．この場合には $F = \emptyset$ なので $\inf\{2x \mid x \leq 5, x \geq 7\} = \infty$ になる

$$\begin{array}{ll} \text{最小化} & 2x \\ \text{制約条件} & x \leq 5, x \geq 7 \end{array} \tag{1.5}$$

以上を簡潔にまとめると最適化問題は以下の 4 つの場合に分類することができる．

1) 実行可能で最適解が存在する．つまり実行可能集合 F が存在し，有界である
2) 実行可能であるが非有界である
3) 実行可能かつ有界であるが，最適解が存在しない（制約条件の不等式に等号が含まれていない場合など）
4) 実行不能

最適化問題の重要な目的は最適解を求めることであるが，すでに述べたように常に最適解が存在するとは限らないので，最適解が存在しない場合には，それを示すこともまた重要である．

●1.2● 大域的最適解と局所的最適解 ●

次に今後のために最適解を 2 種類定義しよう．以下の条件を満たす実行可能解 $x^* \in F$ を**大域的最適解**（globally optimal solution）あるいは単に最適解と呼ぶ．

$$f(x^*) \leq f(x), \quad x \in F \tag{1.6}$$

また実行可能解 $x^* \in F$ を含む適当な集合 $U(x^*)$ に対して，

$$f(x^*) \leq f(x), \quad x \in F \cap U(x^*) \tag{1.7}$$

が成り立つとき，x^* を**局所的最適解**（locally optimal solution）という．$U(x^*)$ は一般には近傍と呼ばれ，x に少しの変形を加えることによって得られる解集合のことである．ここで $U(x^*) \subseteq F$ とは限らないことに注意していただきたい．最適化問題も目的関数や制約条件が複雑になったり，実行可能集合が膨大になった場合には大域的最適解を見つけることは一般には困難である．そのような場合には，問題の大きさや問題を解くために与えられている時間などを考慮して，適当な近傍を定義して局所的最適解を求めることを当面の目標とする場合がある．**近傍探索法**（neighborhood search）とは適当な初期解から開始して近傍（つまり現在の解からの探索範囲）を定義し，その中から優れた解に移動する方法であり，現在では組合せ最適化問題などに適用されている（図 1.1 参照）．近傍探索法では，近傍をその大きさ（図 1.1 の円の大きさ）や

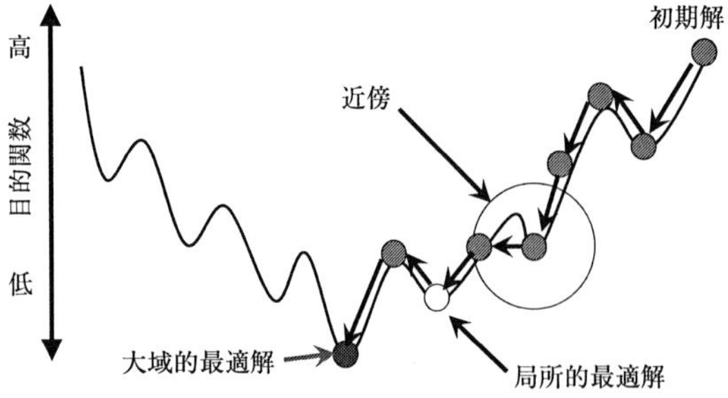

図 1.1　近傍探索法（概念図）

性質なども含めて適切に選択することが重要である．先程の定義で明らかなように大域的最適解は近傍の選択と無関係だが，局所的最適解は近傍の中に含まれる実行可能解のなかで最も目的関数値が小さいものである．また定義から大域的最適解は局所的最適解でもあり，すべての局所的最適解の中でも最も目的関数値が小さいものということもできる．近傍探索法は，**組合せ最適化問題**（combinatorial optimization problem）に対する**メタヒューリスティックス**（metaheuristics）にも組み込まれることが多く，最適解を簡単に求めることができない問題に対しても，高速に優れた近似解を計算することに成功している．メタヒューリスティックスについては文献 166) などを参考にしていただきたい．

● 1.3 ●　連続最適化問題と離散最適化問題　●

最適化問題は，変数，目的関数，制約条件の種類によって，いくつかの問題のクラスに分類することができる．まず変数が連続的な実数値をとる式 (1.3) のような問題を**連続最適化問題**（continuous optimization problem），変数が 0 か 1 のような離散的な値をとる場合には，**離散最適化問題**（discrete optimization problem）と呼んでいる．

図 1.2 は連続最適化問題に属する代表的な数理計画問題のクラスとそれらの包含関係を示したものである．まず大きく 2 つに分けると**凸計画問題**（convex programming problem）と**非凸計画問題**（non-convex programming problem）に分けることができる．ある数理計画問題の実行可能集合 F が凸集合で，目的関数 f が F を含む凸集合上で凸関数である場合には凸計画問題になる．凸計画問題には LP だけでなく，凸 2 次計画問題や**半正定値計画問題**（semidefinite programming problem ; SDP）などの非線形計画問題も含まれる．凸計画問題では，一般的には局所的最適解 = 大域的最適解となるのが大きな特徴であり，比較的簡単に大域的最適解を求めることができる．ただし問題の規模が大きくなった場合には，現実的な計算時間では求められないので，理論的に最適解を求められることと，実際に計算機などで最適解が求められることは区別して考える必要がある．一方，非凸計画問題では局所的最適解を求め

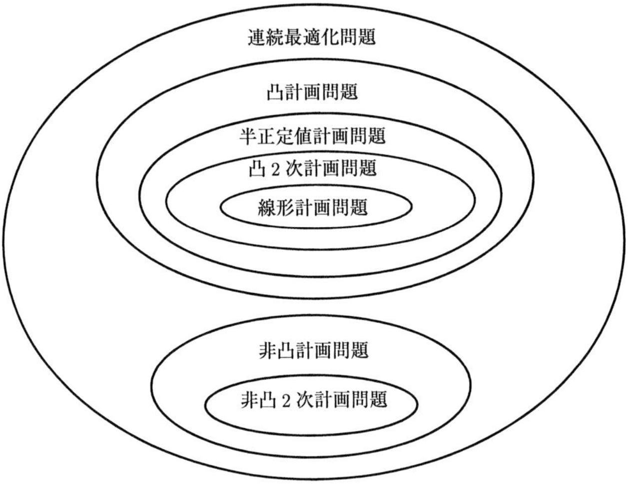

図 1.2　連続最適化問題に属する代表的な数理計画問題

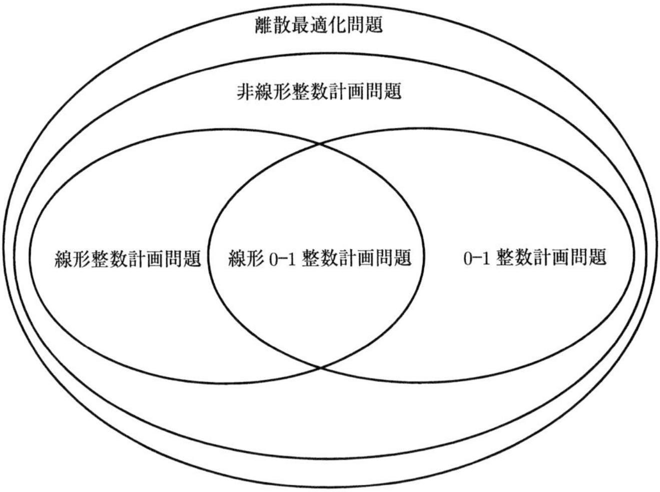

図 1.3　離散最適化問題に属する数理計画問題

ることは可能な場合も多いが，大域的最適解を求めるには大変な困難が伴う．

図 1.3 は離散最適化に属する代表的な数理計画問題のクラスとそれらの包含関係を示したものである．**整数計画問題**（integer programming problem ;

IP）が考慮されることが多いが，さらに通常の IP（変数 x は整数）と 0–1 IP（変数 x は 0 か 1 をとる）に分けることができる．さらに**混合整数計画問題**（mixed integer programming problem ; MIP）とは一部の変数のみに整数条件が付いていて，残りの変数は連続変数として扱われる．この場合でも MIP は離散最適化問題に分類される．また，多くの組合せ最適化問題は 0–1 IP として定式化できる．0–1 IP は計算量的には $\mathcal{NP}$ 困難のクラスに属し，解くのが難しい問題に分類される（$\mathcal{NP}$ 困難については文献 71) などを参照）．

●1.4● 緩和問題 ●

最適化問題の最適値が簡単に求まることが理想的であるが，1.3 節で説明したように凸性のない問題では簡単に最適解を見つけることができない．そこで以下のような**緩和問題**（relaxation problem）を考慮することによって，効率よく最適目的関数値を見積もったり，最適解を見つけることができる場合がある．

$$\begin{aligned} &\text{最小化} \quad f(x) \\ &\text{制約条件} \quad x \in \hat{F} \end{aligned} \tag{1.8}$$

ここで，緩和問題の実行可能領域 $\hat{F}$ は，条件 $F \subseteq \hat{F}$ を満たす．つまり $\hat{F}$ は F と同じか，あるいは F を含むより大きな集合である．この場合には上記の緩和問題の最適解と元問題の最適解をそれぞれ $\hat{x}^*$，x^* とすると $f(\hat{x}^*) \leq f(x^*)$ の関係が成り立っている．つまり，問題を緩和して実行可能領域を大きくすると最小化した目的関数値は元問題の目的関数値より小さくなる（最小化問題であるため）．もし緩和した実行可能領域 $\hat{F}$ に条件を加えていくなどして F に近い集合に変化させていった場合には，目的関数値の差 $f(x^*) - f(\hat{x}^*)$ も序々に小さくなっていく．その場合には $f(\hat{x}^*)$ が $f(x^*)$ の優れた近似値になっており，直接 F 上で $f(x)$ の最小化を行うことが難しいとしても，緩和問題を考慮することには大きな利点がある．また，同じ F 上で元問題の目的関数値よりも常に小さい値をとる目的関数をもつ問題も緩和問題に分類される．

離散最適化問題である線形 0–1 IP の整数条件を LP に緩和して（$x \in \{0,1\} \to 0 \leq x \leq 1$），**分枝限定法**（branch and bound method）と組み合わせて最適解を求める手法がよく知られているが，近年では非凸 2 次計画問題などの，さら

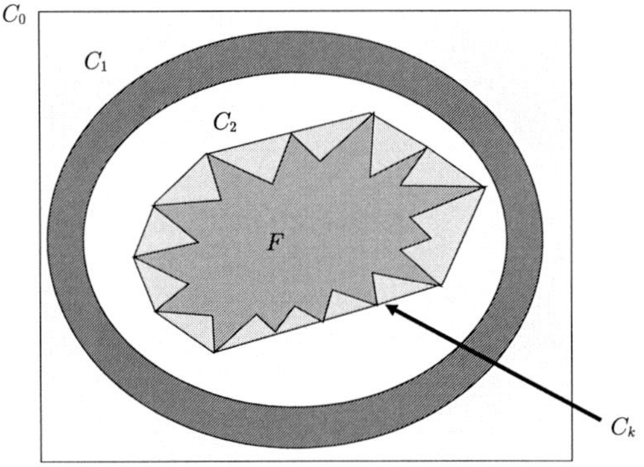

図 **1.4** F に対する緩和問題

に高度で解きにくい最適化問題にも緩和問題が用いられるようになっている．例えば，逐次凸緩和法[85, 140] では，図 1.4 のように，非凸領域 F に対する緩和問題を連続して生成し，優れた近似値を求めることを目的としている．

逐次凸緩和法について，もう少し詳しく説明しよう．F は図 1.4 のようなギザギザの非凸領域である．ここで目的関数は $f(x)$ は線形関数であると仮定しよう．もし $f(x)$ が非線形関数である場合には，新たに変数 y を導入することによって，以下のように目的関数を線形関数に置き換えることが可能である．

$$\begin{array}{ll} \text{最小化} & y \\ \text{制約条件} & y \geq f(x), \quad x \in F \end{array} \tag{1.9}$$

次に条件 $C_0 \supseteq C_1 \supseteq C_2 \supseteq \cdots \supseteq C_k \supseteq F$ を満たす凸領域 C_k を連続的に生成していく．このアルゴリズムでは最終的には C_k は F の凸包に収束していく．先程述べたように目的関数は線形関数を仮定しているので，F 上で最小化した目的関数値と F の凸包（C_k）上で最小化した目的関数値は一致する．実際に逐次凸緩和法は問題の規模が大きくなると凸包への収束が遅くなり，膨大な計算時間を要する．最近では，**多項式最適化問題**（polynomial optimization problem ; POP）に対する SDP を用いた緩和法（5.7 節）が凸性をもたない数理計画問題に対する有力な手法として注目を集めつつある．

●1.5● 数理計画問題に対するソフトウェア ●

最初の数理計画問題であるLPに対する単体法（simplex method）が提案された時期（1947）と，世界初のコンピュータといわれるENIACが開発された時期（1946）はほぼ同じである．よく知られているように，1950年代のコンピュータは現在のコンピュータと比較すると恐ろしく性能が貧弱で，ソフトウェアの開発も困難であった．しかし，それでも手計算よりはるかに高速なコンピュータが数理計画問題を実際に解く上で大きな役割を果していたことは間違いない．1980年代からは個人でもコンピュータが入手できるようになり（パソコン，PC），LPならば比較的大きな問題も解けるようになってきた．1990年代以降はさらにこの傾向が加速し，現在は個人用のパソコンの能力でも，より複雑なIP，非線形計画問題，SDPなどが以前では考えられないような規模まで解けるようになった．

数理計画問題に対しては，様々なアルゴリズムが提案されているが，幸い

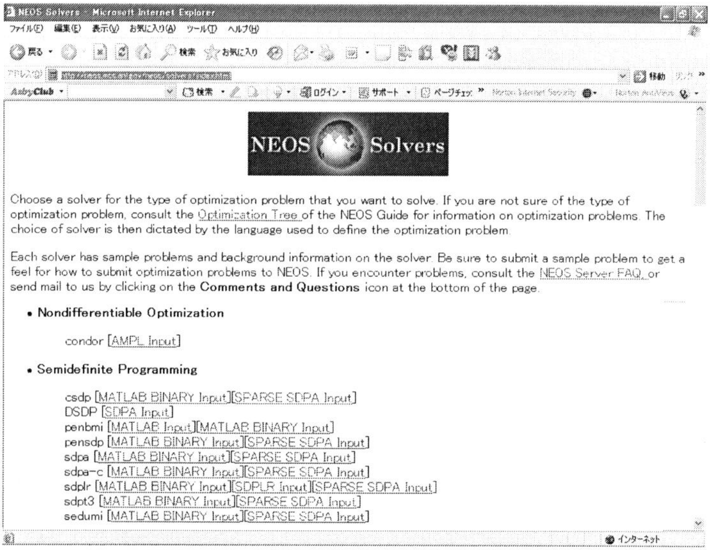

図 1.5　NEOS サーバ

なことにそれらの多くがソフトウェアとして提供されている．例えば NEOS サーバ*1) ではフリーウェアや商用のソフトウェアが数多く登録されており，ユーザはウェブサーバなどを介してソフトウェアを利用することが可能である (図 1.5)．またこの NEOS サーバのサイトからは各ソフトウェアのサイトへのリンクも貼られているので，実際にソースコードなどを入手して手元のコンピュータでソフトウェアを実行することもできる．以下のような目的のために積極的に NEOS サーバを活用していただきたい．

1) 自分が解きたい数理計画問題に対するソフトウェアが存在するか調べる
2) 実際に問題を解いてみてソフトウェアの性能評価を行う（特に商用ソフトウェアの購入前評価など）
3) リンクを辿って，ソフトウェアのバイナリやソースコードを入手する

また数理計画問題を解くためのソフトウェアも，アルゴリズムの改善やコンピュータの能力の向上によって大幅に性能を向上させている．数理計画問題は問題の大きさ n の多項式時間で解けるものも多いが，想定される数理計画問題が巨大であるときには，CPU 単体のみの性能向上だけでは短時間に問題を解くことは困難である．それらの困難を克服するための並列計算の手法として，**クラスタ計算**（cluster computing）と**グリッド計算**（grid computing）が最近注目を集めている*2)．これらについても適宜触れていくことにしよう．

---

*1) http://www-neos.mcs.anl.gov/

*2) 最近ではクラウド計算（cloud computing）も同じく注目を集めている．

2 線形計画問題

● 2.1 ● 問題の定義 ●

線形計画問題（LP）は最も有名かつ古くから研究，活用されている数理計画問題であり，簡単な 2 次元程度の問題ならば，高校の数学や基本情報処理試験の問題などにも登場している．その場合には直線の交点をいくつか求めることによって，いわば視覚的に最適解を求めることが多い．LP に対しては効率のよい解法が開発されていて，一番最初に単体法が 1947 年にダンツィックによって提案された．単体法は実用的には優れた性能をもっているが，理論的には多項式時間アルゴリズム[*1)]ではない．実際に多項式時間で終了しない問題も確認されている．その後 1979 年にカチヤンによってはじめて LP に対する多項式時間アルゴリズム（楕円体法）が提案されたが，さらに 1984 年にはカーマーカーが新しい多項式時間アルゴリズム（内点法）を提案している．各解法の長所・短所をまとめると表 2.1 のようになる．

楕円体法は多項式時間アルゴリズムであっても，実用的には遅いので実際には用いられることはほとんどない．そのため今日では，LP に対しては単体法や内点法（特に発展形である主双対内点法）が用いられることが多い．単体法や内点法については多くの本が出版されているので，文献 27, 32, 53, 86, 90) などを参照されたい．

次に LP に関する諸定義を行う．$\boldsymbol{c} \in \mathbb{R}^n$， $\boldsymbol{A} \in \mathbb{R}^{m \times n}$， $\boldsymbol{b} \in \mathbb{R}^m, \boldsymbol{y} \in \mathbb{R}^m$,

---

*1) 任意の k ビット のデータ x に対し，A に x を入力したときに A が停止するまでのステップ数が $l(k)$ 以下であるとき（$l(k)$ は k に関する多項式），A を多項式時間アルゴリズムという．

表 2.1 線形計画問題に対する解法の比較

解　法	長　所	短　所
単体法	高速に大きな問題が解ける 感度分析が可能 制約を追加して再出発が可能	多項式時間アルゴリズムではない
楕円体法	多項式時間アルゴリズムである	実用的には大変遅い
内点法	多項式時間アルゴリズムである 高速に大きな問題が解ける	感度分析や再出発が難しい

$\boldsymbol{x} \in \mathbb{R}^n$ とする．このとき LP の主問題と双対問題の**標準型**（standard form）は以下のようになる．

$$\left.\begin{array}{ll}\textbf{主問題} & \\ \quad \text{最小化} & \boldsymbol{c}^\top \boldsymbol{x} \\ \quad \text{制約条件} & \boldsymbol{A}\boldsymbol{x} = \boldsymbol{b}, \quad \boldsymbol{x} \geq \boldsymbol{0} \\ \textbf{双対問題} & \\ \quad \text{最大化} & \boldsymbol{b}^\top \boldsymbol{y} \\ \quad \text{制約条件} & \boldsymbol{A}^\top \boldsymbol{y} \leq \boldsymbol{c}\end{array}\right\} \tag{2.1}$$

主問題と双対問題は密接な関係をもっている．例えば，強双対定理（最適解が存在するならば主問題の最適解における目的関数値と，双対問題の最適解における目的関数値は一致する）などが知られているが，上記の主問題と双対問題の制約条件から以下の関係が成り立つ．

主問題における変数の数（n）＝双対問題における制約条件の数（n）
主問題における制約条件の数（m）＝双対問題における変数の数（m）

例えば主問題における制約条件は $\boldsymbol{A}\boldsymbol{x} = \boldsymbol{b}$, $\boldsymbol{x} \geq \boldsymbol{0}$ である．この場合変数の数は変数 $\boldsymbol{x}$ の次元で n 個，$\boldsymbol{A}\boldsymbol{x} = \boldsymbol{b}$ は線形の等式が m 本あるとみなすので制約条件の数は m 本になる．通常 LP として定式化を行い，ソフトウェアを用いて最適解を求めるときには主問題か双対問題のどちらか 1 つがあれば十分である．もし定式化した LP が変数が多くて制約条件が少ないならば，その双対問題を考えることによって変数が少なく制約条件が多い等価な問題に変換することができる．

次に実際にソフトウェアを用いて LP を解くことを念頭において式 (2.1) を以下のように変形してみよう．

最小化（最大化）	$Z = c_1 x_{m+1} + c_2 x_{m+2} + \cdots + c_n x_{m+n} + c_0$
制約条件	$x_1 = a_{11} x_{m+1} + a_{12} x_{m+2} + \cdots + a_{1n} x_{m+n}$
	$x_2 = a_{21} x_{m+1} + a_{22} x_{m+2} + \cdots + a_{2n} x_{m+n}$
	$\vdots$
	$x_m = a_{m1} x_{m+1} + a_{m2} x_{m+2} + \cdots + a_{mn} x_{m+n}$
変数に対する条件	$l_1 \leq x_1 \leq u_1$
	$l_2 \leq x_2 \leq u_2$
	$\vdots$
	$l_{m+n} \leq x_{m+n} \leq u_{m+n}$

Z が目的関数値に相当し，制約条件をすべて満たすように Z を最小化（あるいは最大化）する各変数 $x_{m+1} \sim x_{m+n}$ の値を決定する．c_i は目的関数の係数で c_0 は定数項になる．理論的には定数項は最適化に影響を及ぼさないので省略してもよい．$x_1 \sim x_m$ が制約条件の値，a_{ij} は各制約条件式における各々の変数の係数を表している．その後の不等号の付いた式は，制約条件の値のとりうる範囲を表している．また l と u はそれぞれの変数の下限値と上限値を意味している．このように制約条件も変数に置き換えることによって，変数に関する条件と同様に記述することができる．

● 2.2 ●　ソフトウェア GLPK　●

GLPK*2) とは GNU linear programming kit の略であり，無償で利用できる LP/MIP ソルバ（最適化問題を解くためのソフトウェアはソルバと呼ばれることも多い）である．定式化には代数モデリング言語 AMPL のサブセットである GNU MathProg を用いることができる．GNU MathProg を用いることにより，代数表記法を使用してモデルを表現することが可能になる．また定式化と数値データを分離して記述することができるので，一度定式化をファイルに記述すると，その後はデータだけを変更することで多くの問題に対して柔

*2)　http://www.gnu.org/software/glpk/

軟に対応することが可能となる.

GLPK の入力データを説明するために LP の一例を以下に示す.

$$
\begin{array}{llllll}
\text{最小化} & Z = 3x_1 & +7x_2 & -\ x_3 & +\ x_4 & \\
\text{制約条件} & r_1 = 2x_1 & & +\ x_3 & -\ x_4 & \\
& r_2 = \ \ x_1 & -\ x_2 & -6x_3 & +4x_4 & \\
& r_3 = 5x_1 & +3x_2 & & +\ x_4 & \\
& \multicolumn{5}{l}{1 \le r_1 < +\infty,\ 8 \le r_2 < +\infty,\ 5 \le r_3 \le 10} \\
& \multicolumn{5}{l}{0 \le x_1 \le 4,\ 2 \le x_2 \le 5,\ 0 \le x_3 \le 1,\ 3 \le x_4 \le 8}
\end{array}
\tag{2.2}
$$

このような問題も規定の形式で入力ファイルを作成することによって解くことができる. 具体的には入力ファイルを LP ソルバのソフトウェア glpsol に読み込ませることにより最適解を得ることができる (最適解が存在する場合).

また GLPK は ANSI C で記述されていて, 多くの API (application program interface) も提供されているので, GLPK を単体で用いるだけでなく, 別のプログラムから API を用いて GLPK の機能を利用することが可能である.

次に簡単な LP の例題を見てみよう.

【例題】 あるコンピュータ工場ではデスクトップ PC, ノート PC, サーバの 3 種類のコンピュータを生産している. 収益が最も多くなるコンピュータの 1 日の生産量を求めたい. この工場で生産されるコンピュータは大変人気があり, すべて即日販売業者に納品されている. 例えばノート PC を 1 日に 1 ロット (この場合では 1 ロット = 100 台) 生産すると, 以下の表 2.2 のように液晶パネルとハードディスクをそれぞれ 100 個消費する.

LP において重要な 3 つの要素は, 変数, 目的関数, 制約条件であり, これらをどのように定義して定式化 (つまり 3 つの要素を特定する) を行うかが大切である. この場合では 1 日の生産量を決定したいので, これを $\boldsymbol{x} = \{x_1, x_2, x_3\}$

表 2.2 コンピュータ工場での生産データ

種　類	デスクトップ	ノート	サーバ	最大供給量
液晶パネル	0	100	0	4,000 (個/日)
ハードディスク	200	100	800	16,000 (個/日)
ネットワークカード	100	0	200	5,000 (個/日)
収益	3	2	8	(100 万円/ロット)

（1 ロット = 100 台）とすることにしよう．つまりデスクトップ PC の生産台数を x_1，ノート PC の生産台数を x_2，サーバの生産台数を x_3 とする．

$$
\begin{array}{lrrrl}
\text{最大化} & 3x_1 + & 2x_2 + & 8x_3 & \\
\text{制約条件} & & 100x_2 & & \leq 4000 \\
& 200x_1 + & 100x_2 + & 800x_3 & \leq 16000 \\
& 100x_1 + & & 200x_3 & \leq 5000 \\
& x_1, x_2, x_3 & & & \geq 0
\end{array}
\qquad (2.3)
$$

LP を解くためのソフトウェア（ソルバ）は数多く開発されていて，無償で利用できるものも多い．GLPK や LP_SOLVE*3)，あるいは 1.5 節で紹介した NEOS サーバなどが存在するが，ここでは GLPK を用いてみよう（実行結果は図 2.1）．図 2.1 で 6 行目の Objective とは目的関数値を示しているが，GLPK では主問題は最小化問題と仮定しているので，最大化問題の場合には目的関数の係数に -1 を掛けて，最大化問題を最小化問題に変換している．よってこの場合では最適解における目的関数値は -240 なので，元問題の目的関数値は 240 ということになる．同様に図 2.1 の実行結果から $x_1 = 40$，$x_2 = 40$，$x_3 = 5$

```
Problem:    from_lp_
Rows:       3
Columns:    3
Non-zeros:  8
Status:     OPTIMAL
Objective:  r_0 = -240 (MINimum)

   No.   Row name   St   Activity     Lower bound   Upper bound
------ ------------ -- ------------- ------------- -------------
     1 r_0          B           -240
     2 HDD          NU         16000                       16000
     3 Gbit         NU          5000                        5000

   No. Column name  St   Activity     Lower bound   Upper bound
------ ------------ -- ------------- ------------- -------------
     1 x1           B             40             0
     2 x2           NU            40             0            40
     3 x3           B              5             0
```

図 2.1 GLPK による実行結果

*3) http://www.cs.sunysb.edu/~algorith/implement/lpsolve/implement.shtml

であることがわかるので，デスクトップ PC の生産台数は 40 ロット（4,000 台），ノート PC の生産台数は 40 ロット（4,000 台），サーバの生産台数を 5 ロット（500 台）で収益は 240（2 億 4,000 万円）になる．

LP はすでに述べたように最も有名で最も基本的な数理計画問題であり，企業経営，工学，理学，医学，商業，農業，公共政策などの個別分野で，最適化を達成するための基本的なツールとして利用されている．しかし，同時に実社会で発生する複雑で不確実な現象を捉えるには，もっと複雑で高度な数理計画問題が必要になる．そのため現在では LP モデルがそのまま実社会で用いられることは少なくなった．その大きな理由は以下のようなものである．

1) 連続的な変数しか扱うことができない：先程の例では何単位つくるかという条件を加えることはできるが，つくるかつくらないかといった（つまり 0 か 1 かというような）条件を記述することはできない（整数計画問題（IP）では可能）

2) 線形関数しか扱うことができない：1 単位で収益 3，2 単位で収益 6 のように線形関数で表現できる場合はよいが，非線形関数（例えば経済学でいう限界効用逓減の法則のようなもの）を扱うことはできない（非線形計画問題では可能）

ただし LP が現実問題ではあまり役に立たないかというと，後に述べる整数計画問題（IP）や半正定値計画問題（SDP）などの緩和問題として重要な役割を担っているので，今後もその重要性が変わることはないだろう．つまり LP は単体で用いられる例は少ない．次にそれらの例を見てみよう．

●2.3● 包絡分析法 ●

包絡分析法（data envelopment analysis ; DEA）とは，企業などの組織の効率を相対的に評価する方法として注目を集めている．例えば，ある製造業 M は生産工場を 4 つもっていて，それぞれの従業員数，総床面積，生産量は表 2.3 のようになっている．それぞれの工場について，他の工場と比較したときに効率的であるかどうかを判断したいとしよう．

DEA では，上記の工場のような分析対象を **DMU**（decision making unit ;

表 **2.3** 各工場のデータ

工 場	A	B	C	D
従業員数	20	30	24	40
総床面積	8	7	8	16
生産量	3	2	4	7

意思決定主体）と呼ぶ．工場では従業員数や総床面積を入力データ，生産量を出力であると考える．ここで効率的とは何かということになるが，同じ入力で多くの出力が得られる場合，あるいは同じ出力を得るのに，より小さい入力で済む場合を効率的であると判断する．

次にこの DEA のモデルを一般形で考えて LP として定式化してみよう．n 個の $DMU_1, DMU_2, ..., DMU_n$ があって，各 DMU_k，$k = 1, 2, ..., n$ に対して，m 個の入力データ $x_{1k}, x_{2k}, ..., x_{mk}$ と s 個の出力データ y_{1k}，y_{2k}，…，y_{sk} が定義されているとする．一度にすべての DMU の効率性を見ることはできないので，ある DMU_k，$k \in 1, 2, ..., n$ についての定式化について考えてみよう．すべての k について定式化して問題を解けば，すべての DMU の効率を計算することができる．まず目的関数であるが，できるだけ入力は少なく，出力は大きい方が好ましい（効率的である）ので，以下の比率 θ を目的関数とする．

$$\text{最大化} \quad \theta = \frac{\text{総出力}}{\text{総入力}} \tag{2.4}$$

一般的には，複数の入力があるので，それらに重み v_i，$i = 1, 2, ..., m$ を用いて重み付けを行う．同様に出力用の重み u_r，$r = 1, 2, ..., s$ を用いて DMU_k に対する総入力と総出力を以下のように定義する．

$$\text{総入力} = v_1 x_{1k} + v_2 x_{2k} + \cdots + v_m x_{mk} = \sum_{i=1}^{m} v_i x_{ik} \tag{2.5}$$

$$\text{総出力} = u_1 y_{1k} + u_2 y_{2k} + \cdots + u_s y_{sk} = \sum_{r=1}^{s} u_r y_{rk} \tag{2.6}$$

このとき，目的関数 θ をなるべく大きくしたいのだが，制約条件がないと目的関数は $+\infty$ まで発散してしまう．そこで効率を計算したい k 番目の DMU を含むすべての DMU について，比率尺度 $=$ 総出力/総入力 ≤ 1 となる制約条件を加えることにする．重み v，u は非負であるので，DMU_o，$1 \leq o \leq n$ の比率尺度（θ）を最大化する最適化問題は以下のように定式化することができる．

$$
\begin{aligned}
\text{最大化}\quad & \theta_o = \frac{\sum_{r=1}^{s} u_r y_{ro}}{\sum_{i=1}^{m} v_i x_{io}} \\
\text{制約条件}\quad & \frac{\sum_{r=1}^{s} u_r y_{rk}}{\sum_{i=1}^{m} v_i x_{ik}} \leq 1, \quad k = 1, 2, ..., n \\
& v_i \geq 0, \qquad\qquad i = 1, 2, ..., m \\
& u_r \geq 0, \qquad\qquad r = 1, 2, ..., s
\end{aligned}
\tag{2.7}
$$

これは 1978 年にチャーンズ（Charnes），クーパー（Cooper），ローデス（Rhodes）によって提案された DEA モデルであり，提案者の頭文字をとって CCR モデルと呼ばれている．この最適化問題では目的関数（θ）も制約条件に含まれていて $\theta \leq 1$ である．よって目的関数の最適値（θ^*）も 1 以下である．すべての DMU に対して比率尺度が 1 以下という制約が付いた状態で，DMU_k の比率尺度（θ）を最大化するように重みを選んでいく．このとき θ^* を DMU_k の D 効率値という．もし $\theta^* = 1$ ならば DMU_k の比率尺度は他の DMU と比較して最もよいということができる（ほかにも比率尺度が 1 になる DMU が存在する場合もある）．この場合には DMU_k は D 効率的であるといい，$\theta^* < 1$ ならば D 非効率的であるという．

上記のような最適化問題は，目的関数や制約条件の一部が分数関数で記述されているので分数計画問題と呼ばれている．この場合では，分数関数の分母は常に正であるので，各制約式の両辺に分母を掛けても不等号の向きが変わることはなく，線形制約に変換することができる．結局上記の DEA CCR モデルは以下の等価な LP に変換することができる．

$$
\begin{aligned}
\text{最大化}\quad & \theta_o = \textstyle\sum_{r=1}^{s} u_r y_{ro} \\
\text{制約条件}\quad & \textstyle\sum_{i=1}^{m} v_i x_{io} = 1 \\
& \textstyle\sum_{r=1}^{s} u_r y_{rk} \leq \sum_{i=1}^{m} v_i x_{ik}, \quad k = 1, 2, ..., n \\
& v_i \geq 0, \qquad\qquad i = 1, 2, ..., m \\
& u_r \geq 0, \qquad\qquad r = 1, 2, ..., s
\end{aligned}
\tag{2.8}
$$

ある $\boldsymbol{v}, \boldsymbol{u}$ が制約条件 $\sum_{r=1}^{s} u_r y_{rk} \leq \sum_{i=1}^{m} v_i x_{ik}$ を満たすならば，$\boldsymbol{v}, \boldsymbol{u}$ に対して任意の正の定数 α を掛けて，新たに $\boldsymbol{v}, \boldsymbol{u}$ と置き直してもやはり制約式を

満たす．よって目的関数の分母を 1 と固定しても CCR モデルとこの LP との等価性が崩れることはない．この LP でも最適解は CCR モデルと同様に 1 以下になることがわかる．DEA については，文献 147) などを参照のこと．

● 2.4 ● 多目的計画法 ●

多目的計画法とは名前のとおりに目的関数が複数存在する最適化問題であるが，一般的にはもぐら叩きゲームのように，ある目的関数を最大化しようとすると他の目的関数の値が悪化するといった現象が起きる．そのため，複数の目的関数を線形に足し合わせて合計値を最大化するなどの代替案が数多く提案されている．例えば以下のような最適化問題は**多目的線形計画問題**（multi-objective LP ; MLP）と呼ばれている．

MLP

$$\begin{array}{lll} \text{最大化} & \sum_{k=1}^{\ell} \sum_{j=1}^{n} c_{kj} x_j & \\ \text{制約条件} & \sum_{j=1}^{n} a_{ij} x_j = b_i, & i = 1, 2, ..., m \\ & x_j \geq 0, & j = 1, 2, ..., n \end{array} \tag{2.9}$$

ここで個々の目的関数を $f_k(\boldsymbol{x}) = \sum_{j=1}^{n} c_{kj} x_j$ と置き換えてみよう．また制約条件を満たす $\boldsymbol{x}$ の集合を $\boldsymbol{X}$ とする．このとき各 $f_k(\boldsymbol{x})$ に対して以下のように定義した最適化問題は LP になる．

$f_k(\boldsymbol{x})$ に対する LP

$$\begin{array}{ll} \text{最大化} & f_k(\boldsymbol{x}), \quad k = 1, 2, ..., \ell \\ \text{制約条件} & \boldsymbol{x} \in \boldsymbol{F} \end{array} \tag{2.10}$$

もし個々の $f_k(x)$ に対する LP の最適解がすべて一致した場合には，その最適解は**完全最適解**（absolutely optimal solution）と呼ばれる．しかしこのように完全最適解が求まることは特別な場合であり，一般的には完全最適解は存在しないと考えてよい．例えば複数の企業が市場に参入している場合を考えてみよう．ここで市場占有率（シェア）を目的関数として，A 社が 50%，B 社が 30%，C 社が 20% のシェアを確保したとする．もし B 社がさらにシェアを伸ばそうとすれば，A 社か C 社のシェアを奪うしか方法はない．この場合では 3 社合わせてシェア 100% なので，どこかの企業がシェアを減らすことなくして，他の企業がシェアを伸ばすことはない．一種の膠着状態であるが，この状態はパレート最適解（Pareto optimal solution）であるといわれる．完全最適解が存在しない場合には，次善の策としてパレート最適解を求める方法がしばしば用いられる．パレート最適解は複数存在するので，その場に応じて適切な解を 1 個ないし複数選択するのが一般的である．

図 2.2 は，目的関数が 2 つの場合（$f_1(\boldsymbol{x}), f_2(\boldsymbol{x})$）のパレート最適解を示している．この MLP の目的関数は $f_1(\boldsymbol{x}) + f_2(\boldsymbol{x})$ になるが，図 2.2 の中のパレート最適解の部分では $f_1(\boldsymbol{x}) + f_2(\boldsymbol{x}) =$ 一定 になっている．よってパレート最適解上では，どれか 1 つの目的関数の値を改善しようとすれば，他の目的関数の少なくとも 1 つの値が悪化することになる．

パレート最適解は数学的には以下のように定義される．

$\boldsymbol{x}^*$ がパレート最適解であるとは，$\boldsymbol{x}^*$ が式 (2.10) の制約条件を満たし，

$$f_k(\boldsymbol{x}) \geq f_k(\boldsymbol{x}^*), \quad k = 1, 2, ..., \ell \tag{2.11}$$

を満たし，少なくともある k に対しては式 (2.11) の不等号を厳密に満たす $\boldsymbol{x}$ が存在しないことである．

図 2.2 の例では，2 つの目的関数を同等に扱っているが（つまり重みを 1 にして足し合わせているので），次に多目的計画法に対する一般的なアプローチを考えてみよう．

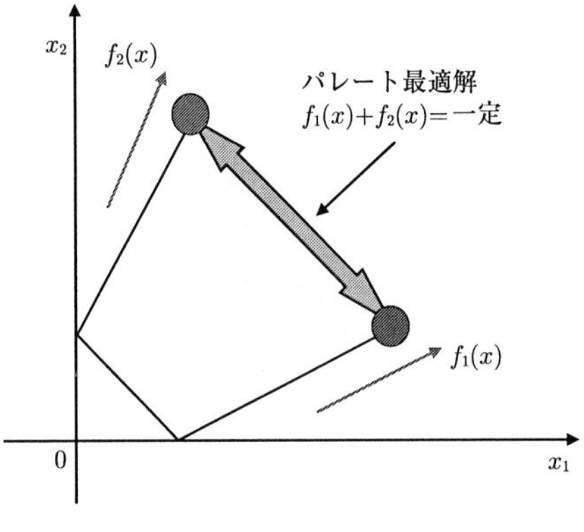

図 **2.2**　パレート最適解（概念図）

1) 加重平均法

複数の目的関数が存在したときに，それらの重要度を考慮して重み付けを行って以下のように総和を目的関数として問題を解く．

加重平均法

$$\begin{array}{ll} \text{最大化} & \sum_{k=1}^{\ell} \lambda_k f_k(x) \\ \text{制約条件} & \boldsymbol{x} \in \boldsymbol{F} \end{array} \tag{2.12}$$

ただし通常は $\lambda_k \geq 0,\ k = 1, 2, ..., \ell,\ \sum_{k=1}^{\ell} \lambda_k = 1$ とする．図 2.2 の例は $\lambda_1 : \lambda_2 = 1 : 1$ の場合である．

2) 制約化法

1 つ以上の目的関数を制約条件に移動する．以下のように移動する目的関数には境界値（ϵ_k）による制約を付加する．どの目的関数を移動するか，境界値をいくつにするかなどの選択によって結果が大きく左右される．

制約化法

$$\begin{array}{ll} \text{最大化} & f_h(x) \\ \text{制約条件} & \boldsymbol{x} \in \boldsymbol{F} \\ & f_k(x) \geq \epsilon_k, \quad k \neq h \end{array} \tag{2.13}$$

ただし (2.13) は目的関数を 1 つだけ残して，残りをすべて制約条件に移動した場合の定式化である．

3) マキシミン法（あるいはミンマックス法）

目的関数が最大化の場合にはマキシミン（maxmin）法，最小化の場合にはミンマックス（minmax）法と呼ばれる方法がある．

マキシミン法

$$\begin{array}{ll} \text{最大化} & \theta \\ \text{制約条件} & \boldsymbol{x} \in \boldsymbol{F} \\ & f_k(x) \geq \theta, \quad k = 1, 2, ..., \ell \end{array} \tag{2.14}$$

この方法ではすべての目的関数を実数 θ 以上という制約条件を付加して，θ を最大化する．つまり目的関数値の最小値を最大化していることになるのでマキシミン法という名前が付いた．この問題も LP として解くことができる．

4) 目標計画法

この方法では，各目的関数値について目標値（f_k^*）を設定して以下のように最も近い解を求めていく．

$$
\begin{array}{ll}
\text{目標計画法} & \\
\text{最小化} & \sum_{k=1}^{\ell} |f_k(\boldsymbol{x}) - f_k^*| \\
\text{制約条件} & \boldsymbol{x} \in \boldsymbol{F}
\end{array} \tag{2.15}
$$

この問題は LP になることが知られている．多目的計画法にはほかにもいろいろな方法が提案されている．詳しくは，文献 90, 114) などを参照のこと．

● 2.5 ● その他の線形計画問題の応用 ●

2.5.1 確率分布に対する推定

確率統計分野に対する数理計画問題の応用も数多く提案されている[16)]．ここでは，ある確率分布（任意でよい）とそれに対する離散確率変数 x（ただし x は $\{u_1, ..., u_n\} \subseteq \mathbb{R}$ のいずれかの値をとる）．このとき $x = u_i$ である確率を $\boldsymbol{p} \in \mathbb{R}^n$ を用いて定義すると以下のようになる．

$$
p_i = \mathbf{prob}(x = u_i) \tag{2.16}
$$

$\boldsymbol{p}$ に関しては $\boldsymbol{p} \geq 0$，$\mathbf{1}^\top \boldsymbol{p} = 1$ が成り立っている．u_i の値は事前に判明していて，しかも値が固定されているとしよう．一方 $\boldsymbol{p}$ の値は事前に知られていないとする．このとき f を x に関する任意の関数とすると，f の期待値は以下のように表すことができる．

$$
\mathbf{E}f = \sum_{i=1}^{n} p_i f(u_i) \tag{2.17}
$$

これは $\boldsymbol{p}$ に対する線形関数である．S を $\mathbb{R}$ の部分集合とすると，次の関数もやはり $\boldsymbol{p}$ の線形関数になる．

$$
\mathbf{prob}(x \in S) = \sum_{u_i \in S} p_i \tag{2.18}
$$

先程も述べたように $\boldsymbol{p}$ の値は未知であるが，複数の既知の関数 $f_j(x)$，$j = 1, 2, ..., m$ に対する期待値（$\mathbf{E}f_j = \boldsymbol{a}_j^\top \boldsymbol{p}$）の上界値と下界値は以下のように事

前に判明していると仮定しよう．

$$\alpha_j \le \boldsymbol{a}_j^\top \boldsymbol{p} \le \beta_j, \quad j = 1, 2, ..., m \tag{2.19}$$

このとき $\mathbf{E}f_0 = \boldsymbol{a}_0^\top \boldsymbol{p}$ の下界値は以下の LP を解くことによって求めることができる．

$$\begin{array}{ll} \text{最小化} & \boldsymbol{a}_0^\top \boldsymbol{p} \\ \text{制約条件} & \boldsymbol{p} \ge \mathbf{0} \\ & \mathbf{1}^\top \boldsymbol{p} = 1 \\ & \alpha_j \le \boldsymbol{a}_j^\top \boldsymbol{p} \le \beta_j, \quad j = 1, 2, ..., m \end{array} \tag{2.20}$$

このとき LP の最適解は式 (2.19) といった事前の情報と矛盾することなく，任意の分布における $\mathbf{E}f_0$ の下界値を示している．同様に目的関数を最大化することによって $\mathbf{E}f_0$ の上界値を求めることができる．確率 $\boldsymbol{p}$ は実数を値にとり $\boldsymbol{p} \ge \mathbf{0}$, $\mathbf{1}^\top \boldsymbol{p} = 1$ という性質があるので，$\boldsymbol{p}$ が変数の場合には目的関数や制約条件が線形関数で記述できる場合も多く，確率統計分野で LP が使用されることも多い．

2.5.2　区分線形関数の最小化

ここでは以下のように（制約なし）区分線形関数を最小化する問題を考えてみよう[16)]．

$$f(\boldsymbol{x}) = \max_{i=1,2,\ldots,m} (\boldsymbol{a}_i^\top \boldsymbol{x} + b_i) \tag{2.21}$$

次にエピグラフ（エピグラフについては文献 54) などを参照）の概念を用いると補助変数 t を用いて以下のような等価な LP に変換することができる．

$$\begin{array}{ll} \text{最小化} & t \\ \text{制約条件} & \max_{i=1,2,\ldots,m} (\boldsymbol{a}_i^\top \boldsymbol{x} + b_i) \le t \end{array} \tag{2.22}$$

この制約条件は m 個の線形制約に分離できるので，結局（制約なし）区分線形関数最小化問題は以下のような LP として定式化することができる．

$$\begin{array}{ll} \text{最小化} & t \\ \text{制約条件} & \boldsymbol{a}_i^\top \boldsymbol{x} + b_i \le t, \quad i = 1, 2, ..., m \end{array} \tag{2.23}$$

3 整数計画問題

● 3.1 ● 問題の定義 ●

実社会における最適化問題では，変数が人数や機械の台数といったように整数として定義されるものが多い．**線形計画問題**（LP）は変数が実数として定義されているので，特殊な場合を除いて整数条件を記述することはできない．そこですべての変数が整数として定義されている最適化問題は**整数計画問題**（IP）と呼ばれている．また一部の変数のみに整数条件が付いていて，残りの変数は実数と定義されている最適化問題は**混合整数計画問題**（MIP）と呼ばれている．

また例えばある製品を生産するのか，生産しないのかを決定するなどの二者択一の状態を表現するために，0 か 1 の 2 値をとる整数変数が必要になる場合がある．このように，整数変数が 0 か 1 の値をとる場合には 0–1 IP や 0–1 MIP と呼ばれる．1.3 節でも説明したように 0–1 IP は離散最適化問題に分類される．さらに，目的関数や制約条件のすべてが線形式で記述されている線形整数計画問題や，目的関数や制約条件の 1 つ以上が非線形式で記述されている非線形整数計画問題に分類される（図 1.3 参照）．本節では基本的に線形整数計画問題を扱うので，特に断りがない限り整数計画問題といえば線形の問題を指すこととする．IP は LP の変数に整数条件が付いたものなので，以下のように表現することができる．ただし $\boldsymbol{A} \in \mathbb{R}^{m \times n}, \boldsymbol{b} \in \mathbb{R}^m, \boldsymbol{c} \in \mathbb{R}^n$ とする．

$$
\begin{array}{ll}
\text{最小化} & \boldsymbol{c}^\top \boldsymbol{x} \\
\text{制約条件} & \boldsymbol{A}\boldsymbol{x} = \boldsymbol{b} \\
 & \boldsymbol{x} \text{の要素はすべて整数（つまり} \boldsymbol{x} \in \mathcal{Z}^n\text{）}
\end{array} \tag{3.1}
$$

またMIPは，$\boldsymbol{A} \in \mathbb{R}^{m \times n_1}, \boldsymbol{B} \in \mathbb{R}^{m \times n_2}, \boldsymbol{c} \in \mathbb{R}^{n_1}, \boldsymbol{d} \in \mathbb{R}^{n_2}, \boldsymbol{f} \in \mathbb{R}^{m}$ とすると以下のように表現することができる（ただし $\mathcal{Z}$ は整数全体の集合）.

$$
\begin{array}{ll}
\text{最小化} & \boldsymbol{c}^\top \boldsymbol{x} + \boldsymbol{d}^\top \boldsymbol{y} \\
\text{制約条件} & \boldsymbol{A}\boldsymbol{x} + \boldsymbol{B}\boldsymbol{y} = \boldsymbol{f} \\
 & \boldsymbol{x} \in \mathcal{Z}^{n_1},\ \boldsymbol{y} \in \mathbb{R}^{n_2}
\end{array} \tag{3.2}
$$

一般的には，整数変数（$\boldsymbol{x}$）の個数が増えると最適解を求めるのが困難になる傾向があり，反対に実数変数（$\boldsymbol{y}$）の個数の増減はあまり影響を与えない.

LP には単体法や内点法といった強力な解法が存在して，多項式時間で最適解を求めることができるが，IP は $\mathcal{NP}$ 困難と呼ばれる問題のクラスに属しているので，最悪の場合でも多項式時間で最適解を求めることのできる解法は存在しないだろうといわれている．$\mathcal{NP}$ 困難や計算量に関する書籍は多数存在しており，文献 71) などを参照のこと．IP の代表的な例として，**ナップサック問題**（knapsack problem ; KP）や**巡回セールスマン問題**（traveling salesman problem ; TSP）などをあげることができる．これらの問題については以下に説明する．次に IP の解き方について解説しておこう．大きく分けて以下のような方法がある.

1) IP ソルバ：1.5 節で解説したように IP に対しては CPLEX や XpressMP などの強力な商用ソルバが存在し，また無償で使用可能であるフリーウェアの GLPK や LP_SOLVE なども存在する．近年の状況は文献 95) などが詳しいが，相当規模が大きな問題でも CPLEX などで最適に解くことができるようになっている．まずは IP ソルバを試して解けない場合には以下の方法を試すという方針もある．KP や**施設配置問題**（facility location problem）などはかなり大きな規模まで解くことができるだろう
2) 分枝限定法や分枝カット法：IP ソルバも分枝限定法や**分枝カット法**（branch-and-cut method）を採用しているが，多くの場合では一般の IP を想定している．よって手間はかかるが，個別の問題に対して分枝限定法や分枝カット法を設計して実装した方がより大きな効果を期待できる．TSP（分枝カット法）や **2 次割当問題**（quadratic assignment problem; QAP）（分枝限定法）がこれに当てはまる
3) メタヒューリスティックスなどの近似解法：メタヒューリスティックスは

組合せ最適化問題に対する汎用的な解法として知られている．IP ソルバでは扱えないような巨大な IP を解いたり，あるいは短時間にある程度よい解が欲しい場合には近似解法が適用されることが多い．メタヒューリスティックスは近傍探索法の拡張であるが，整数変数の値のとり方について様々な方法が考案されている．**制約充足問題**（constratint satisfaction problem；CSP）にタブー探索法などのメタヒューリスティックスが適用されている

4) その他の近似解法（**列生成法**（column generation method）などや容量スケーリング法など）：列生成法は，元問題の列の部分集合からなる部分問題を LP 緩和問題として解いて，双対問題から得られる情報によって新たな列を生成する反復解法であり，**集合分割問題**（set partitioning problem；SPP）や**集合被覆問題**（set covering problem；SCP）などで利用されている．またロットサイズ決定問題のように整数変数が実数変数の上限を規定しているときは，容量スケーリング法という反復解法を使用することができる

5) 上記の手法の複合（ハイブリッド型）：元問題は大きすぎて IP ソルバで解けない場合でも分割して部分問題にした場合には，IP ソルバで最適解が得られることもある．また上記の容量スケーリング法で得られた実行可能解を，メタヒューリスティックスなどを用いてさらに改善する方法も考案されている

以下では数ある IP から代表的な問題をいくつか取り上げていこう．

●3.2● ナップサック問題 ●

ナップサック問題（KP）は，n 個の異なる品物 $A_1, A_2, ..., A_n$ をナップサックなどの入れ物に詰めるときに，総価値（あるいは総利得）が最大になるように品物の組合せを選択する問題である．具体的には各品物 i に対する容量 a_i と利得 c_i，さらにナップサックの容量 b が与えられたときに，n 個の要素集合から何個かを選択して，容量の合計がナップサックの容量を超えないという制約の下で，総価値（利得の合計）を最大化するという問題である．

決定変数 $\boldsymbol{x} = (x_1, x_2, ..., x_n)$（$x_i$ は非負整数）を用意して品物 A_i をナップサックに入れるときに $x_i = 1$，入れないときには $x_i = 0$ とすると問題は以下のような 0–1 IP として定式化することができる．

$$\begin{array}{ll} \text{最大化} & \sum_{i=1}^{n} c_i x_i \\ \text{制約条件} & \sum_{i=1}^{n} a_i x_i \le b \\ & x_i \in \{0,1\}, \quad i = 1, 2, ..., n \end{array} \tag{3.3}$$

通常の KP は式 (3.3) のように制約条件が 1 つであるが，以下のように複数（m 個）の制約条件を想定した問題を**多次元ナップサック問題**（multidimensional knapsack problem）[115] と呼ぶ．

$$\begin{array}{lll} \text{最大化} & \sum_{i=1}^{n} c_i x_i & \\ \text{制約条件} & \sum_{i=1}^{n} a_{ki} x_i \le b_k, & k = 1, 2, ..., m \\ & x_i \in \{0,1\}, & i = 1, 2, ..., n \end{array} \tag{3.4}$$

KP は制約式が 1 つと単純な構造をしているので，$\mathcal{NP}$ 困難な問題であるにもかかわらず，分枝限定法などによって大きな規模の問題でも解くことが可能である．一方，多次元ナップサック問題はやや複雑になるので，メタヒューリスティックスなどの近似解法の適用が行われている[115]．

KP については，8.1 節も参照されたい．

● 3.3 ● 2 次割当問題 ●

2 次割当問題（QAP）は代表的な $\mathcal{NP}$ 困難の組合せ最適化問題である．その用途は工場内の機械の配置や外部記憶装置上でのデータ配置など多岐に及んでいる．QAP は $V = \{1, 2, ..., n\}$ と $n \times n$ の対称行列 $F = (f_{ij})$ と $D = (d_{k\ell})$ が与えられたとき，次のような費用関数 C を最小化する順列 $\pi : V \to V$ を求める問題である．

$$C(\pi) = \sum_{i=1}^{n} \sum_{j=1}^{n} f_{ij}\, d_{\pi(i)\pi(j)} \tag{3.5}$$

この問題は次のように解釈できる．求める順列 π は n 個の対象物の n カ所への配置を示していて，f_{ij} は対象物 i と j 間のフロー量（例えば建物 i と j 間の移動人数など），$d_{k\ell}$ は場所 k と ℓ の間の距離を示している．実際に問題を解くに際には0–1変数 x_{ij} を使用して，対象物 i が j に位置するときに $x_{ij}=1$，そうでない場合には $x_{ij}=0$ とする．このときQAPは以下のようなIPとして定式化することができる．

$$
\begin{array}{lll}
\text{最小化} & \sum_{i=1}^{n}\sum_{j=1}^{n}\sum_{k=1}^{n}\sum_{\ell=1}^{n} f_{ij}d_{k\ell}x_{ik}x_{j\ell} & \\
\text{制約条件} & \sum_{j=1}^{n} x_{ij}=1, & i\in V \\
 & \sum_{i=1}^{n} x_{ij}=1, & j\in V \\
 & x_{ij}\in\{0,1\}, & i\in V,\ j\in V
\end{array}
\tag{3.6}
$$

QAPもTSP（3.5節）と同じく目的関数を最小にする順列を求める問題であるが，目的関数が2次の非線形整数計画問題であり最適に解くのは大変難しく，現在解かれている問題の大きさは30程度である[6)]．QAPの最適解を求める場合も分枝限定法を用いるが，分枝数が大変多いので大量の計算機資源が必要である．しかし分枝限定法は工夫によって通信量を少なくすることも可能であり，分枝木を用いた解の探索は複数の箇所で並列に行うこともできる（ただし定期的に情報を集約する必要がある）．そのためグリッド計算に向いた手法であり，実際にCondor（9.2節を参照）を用いてグリッド上で大規模な計算が行われている[6)]．表3.1[*1)]はnug30というベンチマーク問題集（QAPLIB[*2)]）に含まれている大きさ30の問題を解いたときの結果である．実行時間は約1週間（6日と22時間）である．QAPも下界の計算にLP緩和問題（線形割当問題）を用いるが，その総数は5,742億個以上に達して（平均して1秒間に約100万個のLP緩和問題が解かれたことになる），総計算時間は11年にも達する．この結果から見ても最適に解くことは大変困難であるが，今後はグリッドやクラウド環境において合計数千プロセッサ以上を集めることによって，さら

表 3.1 nug30の実行結果

実行時間	6日22時間4分31秒
平均使用計算機数	653
最大使用計算機数	1,007
総計算時間	約11年
分枝木の点数	11,892,208,412
LP 緩和問題数	574,254,156,532
並列化効率	93%

[*1)] http://www-unix.mcs.anl.gov/metaneos/nug30/run.html

[*2)] http://www.opt.math.tu-graz.ac.at/qaplib/

に大きな問題への挑戦も可能になると思われる．

●3.4● 施設配置問題 ●

次に紹介する施設配置問題も 0–1 MIP の適用例として知られているが，現実にはサプライ・チェイン最適化の一連の流れのなかで，他の生産スケジューリング，在庫方策，輸送・配送計画問題などと連携して考慮されることが増えている[97]．ここでは最も単純な施設配置問題のモデルを紹介しよう．工場や倉庫などの施設を配置する候補地が m カ所あって，これらの施設から製品などを n カ所の需要地に輸送することを考える．a_i は候補地 i への施設の設置費用であり建設費用などが含まれ，また b_i は候補地 i の施設からの製品の最大供給能力である．さらに候補地 i と需要地 j の間の輸送単価は c_{ij} であって，需要地 j での需要量は d_j であると定義しよう．このときすべての需要地での需要を満たし，設置費用と輸送費用の合計値を最小化する問題は以下のように定式化することができる．

$$
\begin{array}{lll}
\text{最小化} & \sum_{i=1}^{m} a_i x_i + \sum_{i=1}^{m} \sum_{j=1}^{n} c_{ij} y_{ij} & \\
\text{制約条件} & \sum_{j=1}^{n} y_{ij} \le b_i x_i, & i = 1, 2, ..., m \\
 & \sum_{i=1}^{m} y_{ij} \ge d_j, & j = 1, 2, ..., n \\
 & x_i \in \{0, 1\}, & i = 1, 2, ..., m \\
 & y_{ij} \ge 0, & i = 1, 2, ..., m,\ j = 1, 2, ..., n
\end{array}
\qquad (3.7)
$$

候補地 i に施設を配置する場合には $x_i = 1$，配置しない場合には $x_i = 0$ とする．また y_{ij} は候補地 i の施設から需要地 j への輸送量とする．目的関数はすでに述べたように設置費用と輸送費用の合計値の最小化である．1 番目の制約条件は候補地 i の施設からの輸送量の合計は製品の最大供給能力 b_i を超えないことを示して，2 番目の制約条件は各需要地での供給量の合計が需要量 d_j 以上になることを示している．施設配置問題に対しては様々な研究がなされているが，総移動距離を最小化するなどのミニサム型，SCP のカバリング型などの分類がある．また需要形態についても距離の近いところを優先する近隣需要型，交通機関を重視して便利なところを優先するフロー需要型などの分類がある．詳しくは文献 121, 138) などを参照のこと．

またコンピュータネットワーク分野でも施設配置問題や割当問題が多数考慮されているが，次にワイヤレスアドホックネットワーク（wireless ad hoc network）問題における 0–1 MIP の例と大規模な問題を解くための列生成法[9]について紹介しよう．ワイヤレスアドホックネットワークとは，基地局やアクセスポイントが存在しない場所でも端末同士で直接通信を行い，距離的に離れた端末同士は他の端末を経由して通信することを可能にする自律的なネットワークを構築する技術のことである[23, 126]．

図 3.1 はセンサネットワークの概略を示している．ここで黒い丸はセンサ（加速度，温度，圧力などを測定する）を示しているが，このセンサは様々な状況に応じて移動するようになっている（矢印はセンサの変位ベクトル）．一方，灰色の丸はクラスタヘッドと呼ばれ，空中などに滞在してセンサからの信号を中継する役目を負っている．クラスタヘッドを配置できる場所は複数あって，白い丸はクラスタヘッドを配置できる候補地になっている．クラスタヘッドとセンサはある決められた距離内であれば $1-p$ の確率で通信可能であると定義する．反対にいえばある時間帯に確率 p で接続リンクが切れる事態が発生する．この確率 p は時間帯 t にかかわらず一定であるとしよう．このクラスタヘッド配置問題の定式化を示す前に，まずはじめにパラメータや決定変数 $\boldsymbol{x}$,

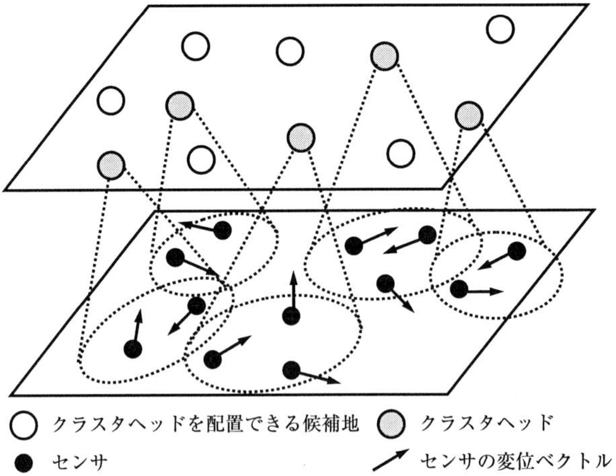

図 3.1　センサネットワークの概略図

$\boldsymbol{y}$, $\boldsymbol{w}$ を定義しておこう.

パラメータ

Δ = クラスタヘッドを配置する候補地の集合

Θ = センサの集合

n = クラスタヘッドの最大数

T = 時間帯数の最大数

U = クラスタヘッドとセンサが通信不能になる距離

DIS_{ikt} = 時間帯 t におけるクラスタヘッド i の候補地とセンサ k の距離

D_k = センサ k の 1 時間帯における通信量

p = クラスタヘッドとセンサの通信が切れる確率 $(0 < p < 1)$

$$R_{ikt} = \begin{cases} 1, & DIS_{ikt} < U \text{ の場合} \\ 0, & \text{それ以外} \end{cases}$$

C = クラスタヘッドが別の場所に移動するときの費用

決定変数

$$x_{it} = \begin{cases} 1, & \text{あるクラスタヘッドが時間帯 } t \text{ に場所 } i \text{ に配置されている場合} \\ 0, & \text{それ以外} \end{cases}$$

$$y_{jkt} = \begin{cases} 1, & \text{センサ } k \text{ が時間帯 } t \text{ に少なくとも } j \text{ 個のクラスタヘッドと通信可能になっている場合} \\ 0, & \text{それ以外} \end{cases}$$

$$w_{it} = \begin{cases} 1, & \text{あるクラスタヘッドが時間帯 } t-1 \text{ には場所 } i \text{ に配置されていて, 時間帯 } t \text{ には場所 } i \text{ から移動する場合} \\ 1, & \text{あるクラスタヘッドが時間帯 } t-1 \text{ には場所 } i \text{ に配置されていないが, 時間帯 } t \text{ には場所 } i \text{ に配置されている場合} \\ 0, & \text{それ以外} \end{cases}$$

このとき, クラスタヘッドの配置問題は以下のような 0–1 MIP として定式化される.

$$
\begin{array}{lll}
\text{最大化} & \sum_{t=1}^{T}\sum_{k\in\Theta}\sum_{j=1}^{n}(1-p)p^{j-1}D_k y_{jkt}-\sum_{t=1}^{T}\sum_{i\in\Delta}Cw_{it} & \\
\text{制約条件 (1)} & \sum_{j=1}^{n}y_{jkt}-\sum_{i\in\Delta}R_{ikt}x_{it}\le 0, & k\in\Theta,\ t=1,2,...,T \\
\text{(2)} & \sum_{i\in\Delta}x_{it}\le n, & t=1,2,...,T \\
\text{(3)} & w_{it}\ge x_{it-1}-x_{it}, & i\in\Delta,\ t=1,2,...,T \\
\text{(4)} & w_{it}\ge x_{it}-x_{it-1}, & i\in\Delta,\ t=1,2,...,T \\
\text{(5)} & x_{it}\in\{0,1\}, & i\in\Delta,\ t=1,2,...,T \\
\text{(6)} & w_{it}\ge 0, & i\in\Delta,\ t=1,2,...,T \\
\text{(7)} & 0\le y_{jkt}\le 1, & j=1,2,...,n,\ k\in\Theta,\ t=1,2,...,T \\
\text{(8)} & y_{j-1kt}\ge y_{jkt}, & j=2,3,...,n,\ k\in\Theta,\ t=1,2,...,T
\end{array}
\tag{3.8}
$$

目的関数は通信量の期待値からセンサの再配置にかかる費用を引いたものを最大化する．$(1-p)p^{j-1}$ とは，あるセンサと通信可能な j 個のクラスタヘッドの中の 1 つだけがセンサとの通信が成功していることを意味している．もしセンサ k が時間帯 t に m 個のクラスタヘッドと通信可能になっている場合には，制約条件 (1) によって変数 $y_{1kt}, y_{2kt}, ..., y_{mkt}$ の値は 1 になる．なぜならば制約条件 (7) より $0 \le y_{jkt} \le 1$ であり，さらに目的関数（最大化）に y_{jkt} が含まれるからである．制約条件 (2) は，各時間帯におけるクラスタヘッドの最大数が n であることを規定している．また制約条件 (6) および目的関数より w_{it} の値はなるべく 0 に近い方がよいことがわかる．しかし制約条件 (3) と (4) より，$x_{it-1}=1$, $x_{it}=0$ あるいは $x_{it}=1$, $x_{it-1}=0$ のときは $w_{it}=1$ になる．このときは時間帯 $t-1$ と t の間にクラスタヘッドの再配置が行われていることになり，結果的に再配置の回数（費用）を最小化する役目を果している．ここでは x_{it} のみ 0–1 変数に定義されているが，最適解においては制約条件 (3) と (4) と (6) より w_{it} の値も 0 か 1 になっていることがわかる．また制約条件 (1) の右辺が整数になることから，y_{jkt} の値も 0 か 1 になる．よって変数 y_{jkt} と w_{it} は 0–1 整数変数であるが，LP 緩和を行っても最適解においては値が 0 か 1 の整数になっていることがわかる．

しかし実際にこの 0–1 MIP を解くときには，あまりにも変数の次元が多すぎると解を求めることは大変困難である．例えば変数 x の次元は $|\Delta| \times T$（$|\Delta|$

は集合 Δ の位数）であり，同様に y と w の次元は，それぞれ $|\Theta| \times n \times T$, $|\Delta| \times T$ である．よってこの 0–1 MIP の制約条件を 1 つの行列として考えた場合には，行列の列の数（=変数の数）は $n|\Theta|T + 2|\Delta|T$ になって，行列の各列と各変数が一対一で対応していることになる．しかし，この膨大な変数すべてが同じ重要度というわけではないので，まず少数の変数のみを使用した問題を作成して，序々に重要度の高い変数を選び出して問題に加えていくという方法が提案されている．これは変数を少しずつ増やしていくのだが，列を生成して増やしていくようにも見えるので列生成法[35, 131]と呼ばれている．列生成法の概略は以下のとおりである．

1) 全変数から一部の変数（列）を選び出す．その変数のみを用いて LP 緩和問題を解く
2) LP 緩和問題の最適解の双対変数の情報から考慮していない残りの変数の**被約費用**（reduced cost）を計算する．被約費用が正の変数（列）を部分問題に追加して（最大化問題の場合）LP 緩和問題を解く．このとき変数を 1 つずつ加える場合と複数同時に加える方法がある
3) LP 緩和問題の最適解が収束するまで列を追加していく

列生成法については，8.3 また 6.1 節（施設配置問題）においても触れているので，こちらも参照していただきたい．

● 3.5 ● 巡回セールスマン問題 ●

巡回セールスマン問題（TSP）は，最も有名な $\mathcal{NP}$ 困難の組合せ最適化問題の 1 つである．n 個の点を一度ずつ訪れて最初の点に戻ってくる巡回路（tour）を求める問題であり，移動距離（巡回路の長さ）を最小化するのが目的である．対称 TSP（任意の 2 点間の距離が対称であり，逆の順番に回っても巡回路の長さは同じ）では，巡回路の総数は $(n-1)!/2$ であるので，巡回路を 1 つずつ列挙していくと，点数が 30 ぐらいの小さな問題でも最適解を求めることは実質的に不可能である．そのために最適解を求めるために様々な方法が提案されているが，現在まで最も成果をあげているのは分枝カット法[7]であり，この手法の中では**切除平面法**（cutting-plane method）が中心的な役割を果している．

ここでは対称 TSP を考えることにして，無向グラフ $G=(V,E)$ が与えられたときに，点の部分集合 $W \subseteq V$ に対して

$$E(W) = \{(v,w) \in E \mid v,w \in W\} \tag{3.9}$$

とする．ここで $c \in \mathbb{R}^{|E|}$ は各要素 $c(e)$ が枝 e の重み（距離）に対応する $|E|$ 次元実数ベクトルを表している．また $\boldsymbol{A} \in \mathbb{R}^{|V|\times|E|}$ はグラフ G の接続行列であり $\boldsymbol{A}$ の各行は点 $v \in V$ に，各列は $e \in E$ に対応しているとしよう．このとき点 v が枝 e の端点ならば $A_{ve}=1$，そうでなければ $A_{ve}=0$ と定義する．このとき TSP は以下の 0–1 IP として定式化することができる．

$$\begin{array}{lll} \text{最小化} & \boldsymbol{c}^\top \boldsymbol{x} & \\ \text{制約条件} & \boldsymbol{A}\boldsymbol{x} = \boldsymbol{2} & \\ & \sum_{e \in E(W)} x(e) \leq |W| - 1, & W \subsetneq V,\ W \neq \emptyset \\ & x(e) = \{0,1\}, & e \in E \end{array} \tag{3.10}$$

ここで変数 $\boldsymbol{x} \in \mathbb{R}^{|E|}$ は各要素 $x(e)$ が枝 e に対応する $|E|$ 次元実数ベクトルを表している．$\sum_{e \in E(W)} x(e) \leq |W| - 1$ は**部分巡回路除去制約**（subtour elimination constraint）と呼ばれ，部分的な巡回路（図 3.2）を防ぐのが目的である．また全点を通る巡回路は，部分集合 W 内の点対を結ぶ枝を多くても $|W|-1$ 本しか用いないので，本来の正しい全点を通る巡回路はこの制約によって禁止されることはない．

このように TSP は 0–1 IP として定義できるが，切除平面法ではいったん

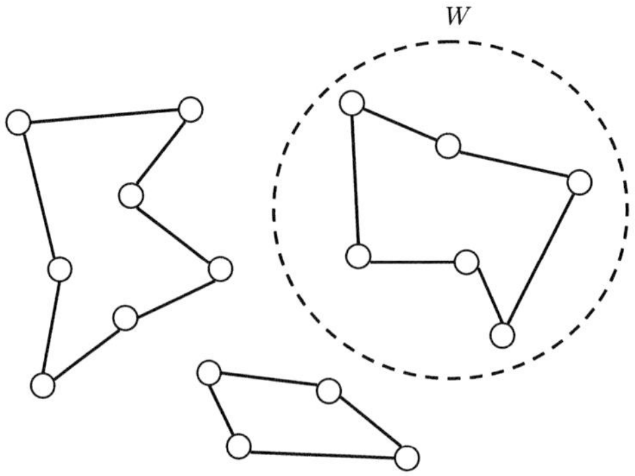

図 3.2 部分巡回路ができるときの実行可能解

TSP を LP に緩和する．次に変数が整数条件を満たすように，有効な一次不等式（妥当不等式と呼ばれる）を加えていく．どのような妥当不等式を用いるか，また変数の数が膨大になる LP をどう解くかなどの様々な工夫が提案されている．詳しくは文献 7) を参照のこと．実際に大規模な TSP を解くときには，Concorde[*3] と呼ばれるソフトウェアを用いている．Concorde には分枝限定法に切除平面法を組み込んだ分枝カット法が実装されている．なお Concorde は TSP 以外のネットワーク最適化問題を解くことも可能であり，学術的な利用に限ればソースコードを入手することも可能である．Concorde は以下のような特徴をもっている．

1) 切除平面法のための妥当不等式を生成する．また各変数の値を特定するための分枝限定法の枠組みをもっている
2) LP を解くために商用の LP ソルバ CPLEX の使用が可能
3) 分枝限定法の上界を計算するためにリン–カーニハン法や 2-opt，3-opt などの近似解法を含む

2009 年現在では点数が 85,900 の，非常に大きな TSP の最適解が求められたことが報告されている[*4]．また点数が 24,978 のスウェーデンを 1 周する問題があり，この問題の場合では Concorde を用いて 96 台のデュアル構成の Intel Xeon 2.8 GHz を搭載したワークステーションが使用された．また実行時間は 1 プロセッサ（Intel Xeon 2.8 GHz）で換算した場合 84.8 年分に相当する．現在は点数 1,904,711 という非常に巨大な TSP に対する計算が行われている．分枝カット法については，文献 72) なども参照されたい．

● 3.6 ● 集合被覆問題 ●

集合被覆問題（SCP）は複数の要素と要素集合の族[*5]と各集合のコストが与えられたときに，すべての要素をカバー（被覆）するような要素集合を選択して，選ばれた集合の費用の総和を最小化する問題である．ここで要素の

---

*3) http://www.tsp.gatech.edu/concorde/index.html
*4) http://www.tsp.gatech.edu/
*5) 元がすべて集合であるような集合を集合族という．

添字集合を $M=\{1,2,...,m\}$，部分集合の添字集合を $N=\{1,2,...,n\}$ とする．また，ある要素 i が集合 j に含まれるときに $a_{ij}=1$，そうでないときには $a_{ij}=0$ として，j を選ぶときのコストを c_j とする．このとき SCP は以下のように 0–1 IP として定式化することができる．

$$\begin{array}{lll} \text{最小化} & \sum_{j=1}^{n} c_j x_j & \\ \text{制約条件} & \sum_{j=1}^{n} a_{ij} x_j \geq 1, & i=1,2,...,m \\ & x_j \in \{0,1\}, & j=1,2,...,n \end{array} \tag{3.11}$$

この問題も幅広い適用範囲をもっているが，単独で用いられるだけでなく，大規模な**乗務員スケジューリング問題**（crew scheduling problem）などを解く際の部分問題として使用されることも多い（7.1 節参照）．実用問題においては非常に規模が大きくなることが多く，数理計画ソルバを用いても最適解を得ることは大変難しい．そこで列生成法などの近似解法が用いられているが，ここでは近傍探索法を用いた近似解法を紹介しよう[168]．1.2 節で見たように，近傍探索法とはメタヒューリスティックスの最も基本的な構成要素であり，近傍内から現在よりもよい解を探し，改善を繰り返して局所的最適解まで達する方法である．SCP の解は 0–1 ベクトル $\boldsymbol{x}$ で表現されるが，SCP に限らずこのような 0–1 IP に対しては **λ 反転近傍**（λ-flip neighborhood）が用いられている．これは現在の解 $\boldsymbol{x}$ からのハミング距離（2 つの解を 2 進数として比較した場合に値が異なっている箇所の合計数：例えば 0111 と 1101 のハミング距離は 2）が λ 以内の解を近傍とする．近傍内の全部の解を探索するためには $\mathcal{O}(n^{\lambda})$[*6] に比例する計算量が必要になるので，通常は $\lambda \leq 3$ が用いられている．ただし a_{ij} の疎性を利用するなどしてアルゴリズムを工夫すると，多くの近傍内の解の探索を省略することができるので，$\lambda=3$ 程度でも実際には高速に計算できることもある（計算量が $\mathcal{O}(n^{\lambda})$ に比例することは変わらないが）．

メタヒューリスティックスにおいては，探索を高速化して効率よく実行可能解を列挙することは重要である．問題の構造によっては近傍探索以前に実行可能解がなかなか見つからないことも多い．そこで実行不可能解も探索範囲に含

[*6] ある関数 $f(n)$ と $g(n)$，さらに $n \geq m$ である任意の n に対して $f(n) \leq cg(n)$ となるような整数 m と正の定数 c が存在するときに $f(n)=\mathcal{O}(g(n))$ であるという．つまり $\mathcal{O}(n^{\lambda})$ とは最悪の場合には計算時間が n^{λ} に比例して増大することを示している．

めて効率よく実行可能解を列挙する方法も複数提案されている．例えばペナルティ関数法（penalty function method）では本来の目的関数に加えて，以下のように制約条件の違反の度合に応じてペナルティ項を加えている．

$$pcost(\boldsymbol{x}) = \sum_{j=1}^{n} c_j x_j + \sum_{i=1}^{m} p_i \max \left\{ 1 - \sum_{j=1}^{n} a_{ij} x_j, 0 \right\} \qquad (3.12)$$

ここで $p_i \geq 0$ は各要素に対するペナルティの重みである．もし $\boldsymbol{x}$ が実行可能解ならばペナルティ項は目的関数には何の影響も及ぼさないが，実行可能解でない場合には目的関数を増加させる働きをする．しかし実行不可能解では，反対に本来の目的関数項（$\sum_{j=1}^{n} c_j x_j$）が減少することがあるので，実行不可能解での $pcost(\boldsymbol{x})$ の値が必ずしも（大域的）最適解の目的関数の値よりも大きくなるとは限らない．よって問題に応じてパラメータ p_i の値を適正に決定する必要がある．ペナルティ関数法では局所的最適解 → 実行不可能解 → 別の局所的最適解というような動きを期待しているが，探索の全期間を通して同じ p_i を用いると所期の目的を達成できないことがある．一般には p_i を大きく設定すると実行可能解の中での探索を重視し，反対に小さくすると実行不可能解も探索に含めやすくなる．そこで探索中に p_i の値を動的に変化させることによって探索を制御する方法も考案されている（**戦略的振動**，strategic oscillation）．さらに列生成法や**ラグランジュ緩和法**（Lagrangian relaxation method）など他の最適化問題から近似解法を効率よく解くための重要な情報を得られることもある．例えば制約条件に対するラグランジュ乗数ベクトル $\boldsymbol{u} = (u_1, u_2, ..., u_n)$, $\boldsymbol{u} \geq \boldsymbol{0}$ を用いて SCP に対するラグランジュ緩和問題を次のように定義することができる．

$$\begin{aligned} L(\boldsymbol{u}) &= \min_{\boldsymbol{x} \in \{0,1\}^n} \sum_{j=1}^{n} c_j x_j + \sum_{i=1}^{m} u_i \left(1 - \sum_{j=1}^{n} a_{ij} x_j \right) \\ &= \min_{\boldsymbol{x} \in \{0,1\}^n} \sum_{j=1}^{n} \tilde{c}_j(\boldsymbol{u}) x_j + \sum_{i=1}^{m} u_i \end{aligned} \qquad (3.13)$$

ただし $\tilde{c}_j(\boldsymbol{u}) = c_j - \sum_{i=1}^{m} a_{ij} u_i$ である．$\tilde{c}_j(\boldsymbol{u})$ は被約費用である．$L(\boldsymbol{u})$ の値は目的関数の下界値になっているので，$\boldsymbol{u}$ の値を適切に選択することによって $L(\boldsymbol{u})$ の値を最適目的関数値に近づけることができる．このような $\boldsymbol{u}$ に対し

ては $x_j = 1$ ならば $\tilde{c}_j(\boldsymbol{u})$ の値が小さいことが知られている．そこで反対に，$\tilde{c}_j(\boldsymbol{u})$ の値が小さい j に対して $x_j = 1$ とすることによって，近似解法の性能を改善できることが示されている[168)]．さらに詳しくは第 6 章を参照のこと．

● 3.7 ● ロットサイズ決定問題 ●

ロットサイズ決定問題（lot sizing problem）とは，各期の発注量や生産量ならびに在庫量を決定するための数理的なモデルである．特に需要量が期によって変動するときに，どの期にどれくらいの量を発注（あるいは生産）して，どの期に在庫で賄うかを決める問題は，動的ロットサイズ決定問題と呼ばれる．実際の企業の生産活動などは切れ目なく続いていくが，この決定問題においては計画期間は有限とする．有限期間の切れ目の部分に特別な処理を行うことによって，有限期間同士を繋ぎ，無限期間を有限期間の集合として扱うことは他の実問題においても頻繁に行われている．また生産回数を増やして在庫費用を少なくすると生産に要する段取り費用が高くなり，反対に一度に大量に生産をして，後は在庫で賄うという方針にすると，在庫費用が高くなる傾向がある．このように生産現場においては段取り費用と在庫費用がトレードオフの関係になっており，この関係を最適化することによって無駄な段取りや過剰な在庫を取り除くことができる．

ここでは最も単純なモデルである生産する品目が 1 つの場合の定式化を紹介しよう．このモデルは最も古典的なモデルでワグナー（Wagner）–ヒンチン（Whitin）モデルと呼ばれている．ワグナー–ヒンチンモデルによる動的ロットサイズ決定問題の基本形は以下の仮定をもつ[97, 161)]．

- 期によって変動する需要量をもつ単一の品目を扱う
- 品物の発注の際には，発注量に依存しない固定費用と比例する変動費用がかかる
- 計画期間は有限であらかじめ設定されており，最初の期における在庫量は 0 とする
- 次の期に持ち越した品目の量に比例した在庫保管費用がかかる
- 発注するとすぐに商品が届くものとする（リードタイムは 0 と仮定する）

- 発注固定費用，発注変動費用，ならびに在庫費用の合計を最小にするような発注方策を決める

ワグナー–ヒンチンモデルの定式化は以下のとおりである．

$$
\begin{aligned}
&\text{最小化} && \textstyle\sum_{t=1}^{T}(p_t x_t + f_t y_t + s_t I_t) && \\
&\text{制約条件 (1)} && I_{t-1} + x_t - d_t = I_t, && t = 1, 2, ..., T \\
&\quad (2) && x_t \le C y_t, && t = 1, 2, ..., T \\
&\quad (3) && I_0 = 0, && \\
&\quad (4) && x_t, I_t \ge 0, && t = 1, 2, ..., T \\
&\quad (5) && y_t \in \{0, 1\}, && t = 1, 2, ..., T
\end{aligned}
\tag{3.14}
$$

p_t : t 期における変動費用

x_t : t 期における生産量

f_t : t 期における段取り費用

y_t : t 期に生産するかしないかを決定するための 0–1 変数

I_t : t 期における在庫量

s_t : t 期における在庫保管費用単価

d_t : t 期における需要量

C : 各期における生産量の上限

制約条件 (1) は，各期における品目の在庫保存量を規定した制約条件であり，前期からの持ち越しの在庫量 I_{t-1} に今期の生産量 x_t を加えて，今期の需要 d_t を減じたものが来期に持ち越す在庫量 I_t であることを意味する．制約条件 (2) は今期の生産量の上限を表している．t 期に生産する場合には $y_t = 1$，生産しない場合には $y_t = 0$ なので，生産する場合には x_t の上限は C，生産しない場合には $x_t = 0$ となる．また初期在庫量は 0 とする（制約条件 (3)）．

ワグナー–ヒンチンモデルは 1 品目の生産のときに使われる単純なモデルなので，複雑な実際問題にはそのままでは使用することができない．実際に商品を生産するときは，複数の材料から多段階の工程を経て，商品は完成する．そのため材料とその材料からできる品物の親子関係を考慮する必要がある．このような入れ子構造をした在庫をエシェロン在庫といい，動的ロットサイズ問題の拡張が行われている[97]．

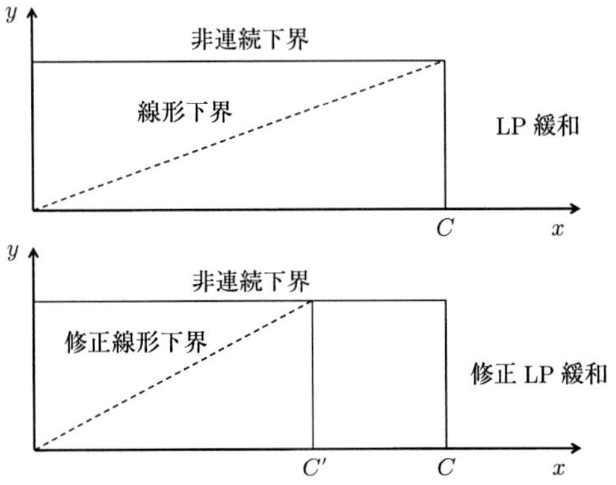

図 3.3 LP 緩和と修正線形下界

動的ロットサイズ決定問題も 0–1 MIP なので MIP ソルバを用いて問題を解くことができる．しかし問題の規模が大きくなると最適解を得るのが困難になるので，他の MIP と同様に近似解法の適用などが行われている．

ここでは，制約条件 (2) の特徴を利用した容量スケーリング法[129] を紹介する．動的ロットサイズ決定問題以外でも，制約条件 (2) のように 0–1 変数によって実数変数の上限（あるいは下限）を規定しているときは，容量スケーリング法を利用することが可能である．容量スケーリング法は LP 緩和法の弱点を改良している．LP 緩和法では変数 y を $0 \leq y \leq 1$ と緩和して解くために，もし $y = 1$ が最適解だった場合には，$y = 0.3$ や $y = 0.7$ のように y が過小に評価されてしまうことが起きる．そのために LP 緩和法は主問題の下界を得る方法としては必ずしもよいとはいえない．

そこで次のような改良方法を考える．実行可能解における生産量が 0 または $C', C' \leq C$ に近いとする．このときは線形下界の代わりに，修正線形下界を用いて変数 y の下界とすることを考える（図 3.3 参照）．このように単純な LP 緩和ではなく，上記のような修正線形下界を使うことによって以下のアルゴリズムを得る．最初に制約条件 (2) を以下のように変更する．

$$(2)' \quad x_t \leq C'_t y_t, \quad t = 1, 2, ..., T$$

アルゴリズム 1

Step 1： 制約条件 (5) を $0 \le y_t \le 1$ に緩和した LP 緩和問題を解く．
得られた解を $(\boldsymbol{x}^{\mathrm{LP}}, \boldsymbol{y}^{\mathrm{LP}}, \boldsymbol{I}^{\mathrm{LP}})$ とする．

Step 2： y_t がすべて整数になるまで以下を繰り返す．
– $y_t^{\mathrm{LP}} \notin \{0,1\}$ となっている $t \in T$ について C'_t を $C'_t = x_t^{\mathrm{LP}}$ とする．
– LP 緩和問題を解いて解 $(\boldsymbol{x}^{\mathrm{LP}}, \boldsymbol{y}^{\mathrm{LP}}, \boldsymbol{I}^{\mathrm{LP}})$ を得る．

ただしアルゴリズム 1 には次のような問題が発生する．それは生産量を表す変数である x_t が単調減少することによって最適解 x_t^* より C'_t が小さくなってしまう場合がある．このアルゴリズム 1 では x_t は C'_t を超えることができないため最適解に辿り着くことはできない．そこでこの問題を解決するために以下の工夫を追加する．

- $C'_t = x_t^{\mathrm{LP}}$ を $C'_t = \lambda x_t^{\mathrm{LP}} + (1-\lambda)C'_t$ と変更する．
  ただし λ は $0 \le \lambda \le 1$ の値をとるパラメータである．
- y_t の上界を取り除く．これにより x_t は C'_t を超えることが可能になる．同時に x_t が本来の容量 C を超えないように x_t に上限 C_t を設定する．

これらの改良を考慮したヒューリスティック（アルゴリズム 2）は以下のとおりである．ただし LP 緩和問題には以下のような変更を加える．

$$
\begin{array}{lll}
\text{最小化} & \sum_{t=1}^{T}(p_t x_t + f_t y_t + s_t I_t) & \\
\text{制約条件 (1)} & I_{t-1} + x_t - d_t = I_t, & t = 1,2,...,T \\
(2)' & x_t \le C'_t y_t, & t = 1,2,...,T \\
(3) & I_0 = 0 & \\
(4) & x_t, I_t \ge 0, & t = 1,2,...,T \\
(5)' & y_t \ge 0, & t = 1,2,...,T \\
(6) & x_t \le C_t, & t = 1,2,...,T
\end{array}
\qquad (3.15)
$$

アルゴリズム 2

Step 1：LP 緩和問題を解く．
得られた解を $(\boldsymbol{x}^{\mathrm{LP}}, \boldsymbol{y}^{\mathrm{LP}}, \boldsymbol{I}^{\mathrm{LP}})$ とする．

Step 2：y_t がすべて整数になるまで以下を繰り返す．
– $y_t^{\mathrm{LP}} \notin \{0,1\}$ となっている $t \in T$ について
– C'_t を $C'_t = \lambda x_t^{\mathrm{LP}} + (1-\lambda)C'_t$ とセットする．
– LP 緩和問題を解いて，解 $(\boldsymbol{x}^{\mathrm{LP}}, \boldsymbol{y}^{\mathrm{LP}}, \boldsymbol{I}^{\mathrm{LP}})$ を得る．

Step 3：整数変数 y_t を固定して定式化 (3.14) を解く．

容量スケーリング法は LP を用いた反復解法なので，問題の規模がかなり大きくなっても高速に実行することができる．また λ の値によって実行可能解の値にバラツキが出るが，λ の値を変えながら複数回実行することによって，安定してよい解が得られることが報告されている[129]．ただし容量スケーリング法によって得られた解は，局所的最適解となっている保証はないので，実際にはメタヒューリスティックスなどと組み合わせることが効果的であると思われる．

● 3.8 ● 制約プログラミングと制約充足問題 ●

制約プログラミング（constraint programming）とは解きたい問題の制約式を記述することによって，制約を満たす解を（複数）求める問題であり，生産スケジューリングや資源割当てなどの幅広い分野で使用されており，人工知能の分野でもさかんに研究されている．通常の最適化問題では，実行可能解の集合から目的関数を最適にする解を選んでいくのだが，制約条件の厳しさによっては実行可能解を得ることすら大変難しい場合がある．その場合にはまず実行可能解を得ることを目的として，以下で説明するような**制約充足問題**（CSP）などが考慮されることがある．

CSP とは n 個の変数 X_i, $i = 1, 2, ..., n$ と各変数 X_i の値集合 D_i, m 個の制約 C_l, $l = 1, 2, ..., m$ が与えられたときに，すべての制約を満たすように各

変数 X_i に値 $j \in D_i$ を割り当てる問題である．各制約 C_l は変数 X_i によって構成されるが，表現可能な範囲は広く，等式や不等式や論理式などを使用することができる．変数 X_i とその値 $j(\in D_i)$ の組に対して値変数 x_{ij} を以下のように定義する．

$$x_{ij} = \begin{cases} 1, & \text{変数 } X_i \text{が値 } j \text{ をとる} \\ 0, & \text{その他} \end{cases}$$

割当てを 0–1 ベクトル $\boldsymbol{x} = (x_{ij} \mid i = 1, 2, ..., n,\ j \in D_i)$ で表す．各変数 X_i はちょうど 1 つだけ値が割り当てられるので以下の条件が必要になる．

$$\sum_{j \in D_i} x_{ij} = 1, \quad i = 1, 2, ..., n \tag{3.16}$$

式 (3.16) を満たす $\boldsymbol{x}$ を CSP の解と呼び，すべての制約条件を満たす解を実行可能解と呼ぶ．CSP において実行可能解が求まればよいが，複雑で巨大な最適化問題においては，実行可能解を見つけることが困難あるいは実行可能解が存在しない場合も多い．その場合には，すべての制約条件を満たすことは無理でも，なるべく多くの制約条件を満たす解を求めることを目的とする．このため，各制約 C_l に制約違反度を表すペナルティ関数 p_l を導入する．解 $\boldsymbol{x}$ が制約条件 C_l を満たすときには $p_l(\boldsymbol{x}) = 0$，満たさないときは $p_l(\boldsymbol{x}) > 0$ とする．また一般的には制約条件間で重要度に違いがある場合が多いので，各制約条件に対するペナルティ重み $w_l > 0$ を定義する．このとき以下の問題を重み付き**制約充足問題**（weighted CSP ; WCSP）と呼ぶ[119]．

WCSP

$$\begin{array}{ll} \text{最小化} & p(\boldsymbol{x}) = \sum_{l=1}^{m} w_l p_l(\boldsymbol{x}) \\ \text{制約条件} & \sum_{j \in D_i} x_{ij} = 1, \quad i = 1, 2, ..., n \end{array} \tag{3.17}$$

CSP も 0–1 IP の 1 つであるので，ある程度の大きさになると最適解を求めるのは難しい．そのため多くの近似解法が提案されており，タブー探索法などの適用によって大きな CSP も近似的に解けるようになっている[118]．

4 非線形計画問題

連続最適化問題（図 1.2）においては，線形計画問題（LP）以外はすべて非線形計画問題という枠組みで整理することもできる．また離散最適化問題（図 1.3）においても，目的関数や制約式に非線形な式を含む場合には，非線形計画問題として認識されることもある．非線形計画問題は大変古くから研究されていて，制約なし問題（つまり目的関数のみ）に対する 1 次および 2 次の最適性条件や最適化手法である**最急降下法**（steepest descent method），**ニュートン法**（Newton method），**準ニュートン法**（quasi-Newton method）などはすでに多くの分野で使用され優れた成果をあげている．また制約付き問題に対してもペナルティ関数法や**逐次 2 次計画法**（sequential quadratic programming）などが研究されている．詳しくは文献 53, 54) などを参照のこと．

最近ではこれらのいわゆる“古典的”な問題や手法に加えて，より複雑で高度な非線形最適化問題が提案，研究されている．ここではそのいくつかを紹介しよう．

● 4.1 ● 微分不可能な目的関数をもつ制約なし最適化問題 ●

非線形最適化問題の目的関数を $f(\boldsymbol{x}) \in \mathbb{R}^1, \boldsymbol{x} \in \mathbb{R}^n$ とする．制約がない場合には $f(\boldsymbol{x})$ を最小化する問題は以下のようになる．

$$\min_{\boldsymbol{x} \in \mathbb{R}^n} f(\boldsymbol{x}) \tag{4.1}$$

通常 f が微分可能ならば，次のような非線形方程式 (4.2) を解くことによって局所最適解 $\boldsymbol{x}^*$ を求めることができる．

$$\nabla f(\boldsymbol{x}) = \left(\frac{\partial f(\boldsymbol{x})}{\partial x_1}, \ldots, \frac{\partial f(\boldsymbol{x})}{\partial x_n} \right)^\top = 0 \tag{4.2}$$

また f が凸関数ならば $\boldsymbol{x}^*$ は，同時に f の大域的最適解でもある．最近の研究の発展などによって，さらに複雑な最適化問題が扱われるようになり，目的関数 f が微分不可能な場合も増えてきている．そこで f を微分不可能な凸関数と定義したときに，正定数 μ を用いて以下のように $f_\mu(\boldsymbol{x})$ を定義する．

$$\min_{\boldsymbol{x} \in \mathbb{R}^n} f_\mu(\boldsymbol{x}) \tag{4.3}$$

ただし

$$f_\mu(\boldsymbol{x}) = \min \left\{ f(\boldsymbol{y}) + \frac{1}{2}\mu \|\boldsymbol{y} - \boldsymbol{x}\|^2 : \boldsymbol{y} \in \mathbb{R}^n \right\} \tag{4.4}$$

とする．ここで $\|\cdot\|$ はユークリッドノルムである．関数 f は微分不可能でも f_μ は微分可能な凸関数である．関数 f と f_μ は凸関数なので凸性によって式 (4.1) と式 (4.3) の解集合は一致する．$p(\boldsymbol{x})$ を式 (4.4) における唯一の最小点とすると，f_μ の微分は

$$\nabla f_\mu(\boldsymbol{x}) = \mu(\boldsymbol{x} - p(\boldsymbol{x})) \in \partial f(p(\boldsymbol{x})) \tag{4.5}$$

となるが，∂f は f の**劣微分**（subdifferential）であるので，式 (4.1) と次の非線形方程式 (4.6) は等価であると考えることができる．

$$\nabla f_\mu(\boldsymbol{x}) = 0 \tag{4.6}$$

非線形方程式を式 (4.6) 用いて，微分不可能な制約なし最適化問題に対して，超 1 次収束性をもつニュートン法と準ニュートン法が提案されている．詳しくは，文献 24, 25) を参照のこと．

● 4.2 ●　相補性問題と変分不等式　●

写像 $F : \mathbb{R}^n \to \mathbb{R}^n$ はベクトル値写像（あるいはベクトル値関数）と呼ばれるが，この F に対して次の条件を満たすベクトル $\boldsymbol{x}$ を求める問題を**相補性問題**（complementarity problem ; CP）または**非線形相補性問題**（nonlinear complementarity problem ; NCP）という．

$$\boldsymbol{x} \geq 0,\ F(\boldsymbol{x}) \geq 0,\ \boldsymbol{x}^\top F(\boldsymbol{x}) = 0 \tag{4.7}$$

特に写像（関数）F が，行列 $\boldsymbol{M} \in \mathbb{R}^{n \times n}$ と $\boldsymbol{q} \in \mathbb{R}^n$ を用いて $F(\boldsymbol{x}) = \boldsymbol{M}\boldsymbol{x} + \boldsymbol{q}$ と表現されるときに**線形相補性問題**（linear complementarity problem ; LCP）という．最近では相補性問題に対して，NCP 関数を定義して非線形方程式として再定式化する手法が研究されている．NCP 関数とは以下の条件を満たす関数 $f : \mathbb{R}^2 \to \mathbb{R}$ である．

$$f(u, v) = 0 \Leftrightarrow u \geq 0,\ v \geq 0,\ uv = 0 \tag{4.8}$$

多くの NCP 関数が定義されているが，次の関数などが頻繁に利用されている．

$$f(u, v) = \min(u, v), \quad f(u, v) = u + v - \sqrt{u^2 + v^2} \tag{4.9}$$

また**半正定値計画問題**（SDP (5.1 節)）の中で，以下を満たす $\boldsymbol{X}$ と $\boldsymbol{Z}$ を求める問題を**半正定値線形相補性問題**（SDL complementarity problem ; SDLCP）という．以下は SDP の最適性条件にもなっている（この場合 $\boldsymbol{X} \bullet \boldsymbol{Z} = 0$ と $\boldsymbol{X}\boldsymbol{Z} = \boldsymbol{O}$ は等価である）．

$$\boldsymbol{A}_i \bullet \boldsymbol{X} = b_i,\ i = 1, 2, \ldots, m,\ \boldsymbol{X} \succeq \boldsymbol{O} \tag{4.10}$$

$$\sum_{i=1}^{m} \boldsymbol{A}_i y_i + \boldsymbol{Z} = \boldsymbol{C},\ \boldsymbol{Z} \succeq \boldsymbol{O} \tag{4.11}$$

$$\boldsymbol{X} \bullet \boldsymbol{Z} = O \tag{4.12}$$

また空でない閉凸集合 $\boldsymbol{S} \subseteqq \mathbb{R}^n$ とベクトル値写像 $F : \mathbb{R}^n \to \mathbb{R}^n$ に対して，次の不等式を満たすベクトル $\boldsymbol{x}^* \in \boldsymbol{S}$ を求める問題を**変分不等式問題**（variational inequality problem）あるいは**一般化方程式**（generalized equation）という．

$$(\boldsymbol{x} - \boldsymbol{x}^*)^\top F(\boldsymbol{x}) \geq 0, \quad \boldsymbol{x} \in \boldsymbol{S} \tag{4.13}$$

関数 F がある微分可能関数 $f : \mathbb{R}^n \to \mathbb{R}$ の勾配関数 $\nabla f : \mathbb{R}^n \to \mathbb{R}$ として与えられるとき，変分不等式問題 (4.13) は凸集合 $\boldsymbol{S}$ 上で関数 f を最小化する問題の停留点を求める問題になる．特に f が凸関数のときにはこの最小化問題と問題 (4.13) は等価である．また $\boldsymbol{S} = \mathbb{R}^n$ のときには問題 (4.13) は非線形方程式 $F(\boldsymbol{x}) = 0$ に帰着することができる．さらに $\boldsymbol{S} = \mathbb{R}^n_+ := \{\boldsymbol{x} \in \mathbb{R}^n | \boldsymbol{x} \geq \boldsymbol{0}\}$ のときには問題 (4.13) は相補性問題 (4.7) に帰着できることが知られている．

非線形計画問題に対するカールシュ (Karush)–クーン (Kuhn)–タッカー (Tucker)（KKT）条件は相補性問題と密接な関係がある．集合 $\boldsymbol{S}$ が凸関数と $g_i : \mathbb{R}^n \to \mathbb{R},\ i = 1, 2, \ldots, m$，アフィン関数 $h_j : \mathbb{R}^n \to \mathbb{R},\ j = 1, 2, \ldots, \ell$ お

よび $\boldsymbol{x} \in \mathbb{R}^n$ によって次のように定義される変分不等式問題を考える.

$$\boldsymbol{S} = \{\boldsymbol{x} \mid g_i(\boldsymbol{x}) \leq 0,\ i = 1, 2, \ldots, m,\ h_j(\boldsymbol{x}) = 0,\ j = 1, 2, \ldots, \ell\} \tag{4.14}$$

このとき $\boldsymbol{\lambda} \in \mathbb{R}^m$ と $\boldsymbol{\mu} \in \mathbb{R}^\ell$ をラグランジュ乗数とすると，以下の式 (4.15) は変分不等式問題 (4.13) に対する KKT 条件であって，$(\boldsymbol{x}, \boldsymbol{\lambda}, \boldsymbol{\mu})$ を変数とする（混合）相補性問題の形をしている.

$$\begin{gathered} F(\boldsymbol{x}) + \sum_{i=1}^{m} \lambda_i \nabla g_i(\boldsymbol{x}) + \sum_{j=1}^{\ell} \mu_j \nabla h_j(\boldsymbol{x}) = 0 \\ \lambda_i \geq 0,\ g_i(\boldsymbol{x}) \leq 0,\ \lambda_i g_i(\boldsymbol{x}) = 0, \quad i = 1, 2, \ldots, m \\ h_j(\boldsymbol{x}) = 0, \quad j = 1, 2, \ldots, \ell \end{gathered} \tag{4.15}$$

● 4.3 ● 均衡制約付き数理計画問題 ●

相補性問題や変分不等式問題などの均衡問題は，目的関数をもつ最適化問題とは異なるため厳密にいえば最適化問題の範疇には入らないが，4.2 節で見たように非線形計画問題の KKT 条件が均衡問題として表すことができるので，図 4.1 のような関係にあるとみなすこともできる[54, 112].

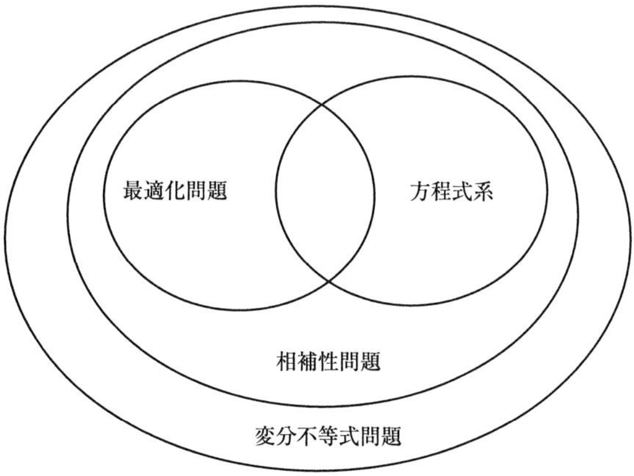

図 4.1 均衡問題の関係図

制約条件の中に，相補性条件や変分不等式のような均衡条件を含む最適化問題を**均衡制約付き数理計画問題**（mathematical program with equilibrium constraints ; MPEC）という．

MPEC においては設計変数 $\boldsymbol{x}$ と状態変数 $\boldsymbol{y}$ が存在して，均衡制約条件は，設計変数をパラメータとする変分不等式問題の解集合によって与えられると仮定する．ここで，ベクトル値関数 F と点–集合関数 $Y(\cdot)$ に対して，設計変数 $\boldsymbol{x}$ をパラメータとするパラメトリック変分不等式問題 (4.16) を以下のように定義する．

$$(\boldsymbol{z}-\boldsymbol{y})^\top F(\boldsymbol{x},\boldsymbol{y}) \geq 0, \quad \boldsymbol{z} \in Y(\boldsymbol{x}) \tag{4.16}$$

この変分不等式問題の解 $\boldsymbol{y} \in Y(\boldsymbol{x})$ の集合を $S(\boldsymbol{x})$ とすると，MPEC は以下のように表すことができる．ただし f は実数値関数，T は空でない集合である．

$$\begin{aligned} &\text{最小化} && f(\boldsymbol{x},\boldsymbol{y}) \\ &\text{制約条件} && (\boldsymbol{x},\boldsymbol{y}) \in T \\ & && \boldsymbol{y} \in S(\boldsymbol{x}) \end{aligned} \tag{4.17}$$

4.2 節で説明したように，$S(\boldsymbol{x}) = \mathbb{R}^n_+ := \{\boldsymbol{x} \in \mathbb{R}^n | \boldsymbol{x} \geq \boldsymbol{0}\}$ のときには変分不等式問題は相補性問題に帰着することができるので，この場合では MPEC(4.17) は次のような相補性条件をもつ最適化問題になる．

$$\begin{aligned} &\text{最小化} && f(\boldsymbol{x},\boldsymbol{y}) \\ &\text{制約条件} && (\boldsymbol{x},\boldsymbol{y}) \in T \\ & && F(\boldsymbol{x},\boldsymbol{y}) \geq \boldsymbol{0},\ \boldsymbol{y} \geq \boldsymbol{0},\ \boldsymbol{y}^\top F(\boldsymbol{x},\boldsymbol{y}) = 0 \end{aligned} \tag{4.18}$$

MPEC の応用範囲は大変広く，交通・地域政策分析においては均衡問題は交通ネットワーク均衡モデル，立地均衡モデル，一般均衡モデルなどに応用されている．MPEC は均衡問題を最適化問題の制約条件として捉えることができるので，この分野においても先の均衡モデルを制約条件として最適政策問題に組み込むことが可能になった．詳しくは文献 112) を参照のこと．MPEC の解法は大きく次の 3 つに分類することができる．

1) 設計変数を微小に変化（摂動）させることによる均衡条件の変化を利用して，目的関数の勾配や降下方向を計算する．均衡条件以外の制約条件がある場合にはペナルティ関数法なども併用される

2) ラグランジュ緩和法などを用いて単純な数理計画問題に変換してから計算する
3) メタヒューリスティックスなどの近傍探索法を用いて近似解を求める．複雑な問題にも対処可能だが，局所的最適解への収束は保証されない

● 4.4 ●　金融工学と最適化問題 ●

1950 年代から金融・証券の分野においても，数理計画や確率過程の理論を用いたポートフォリオ選択モデルの研究が行われ，情報技術の発展との相乗効果から次々と新しい投資戦略や資産運用方法が登場して金融市場を著しく発展させてきた．確率統計の分野から，平均・分散モデルを用いて派生証券分析と数理計画法を用いた資産運用最適化などの研究があるが，これらは金融工学あるいは理財工学と呼ばれている．詳しくは文献 68, 69, 92, 93, 117, 143) などを参照のこと．

金融工学とは得をするための方法論というよりも，合理的な投資を行い不確実な事象による損失を可能な限り回避するのが目的である．つまりリスクを把握し管理するのが金融工学の主目的といえよう．ゲーム理論におけるミニマックス原理とも通じるものがある．合理的な投資とは，期待資産額を最大化する

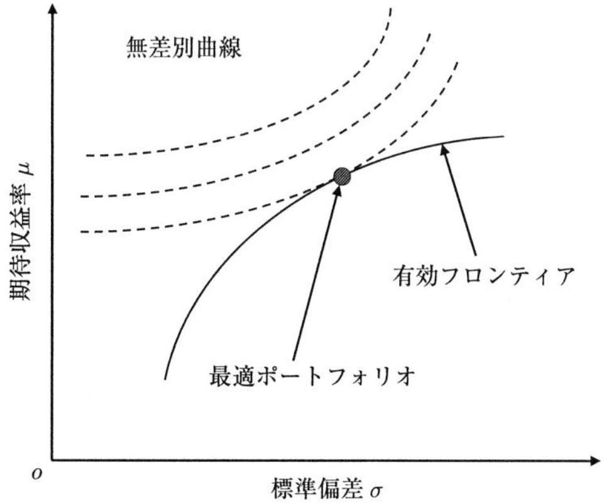

図 **4.2**　最適ポートフォリオ

ことではなく，期待効用を最大化することを目的とする．効用とは資産の保有による満足度であり，資産が増えることよりも減ることを重視する．以下では無差別曲線という用語を用いるが，これはある投資家にとって，期待効用が一定となる期待値と分散（または標準偏差）の組合せを示したものである(図 4.2)．期待収益率が高くて標準偏差が小さいほど期待効用が高いので，無差別曲線は図 4.2 のように左上にあるほど高い期待効用を表している．

4.4.1 平均・分散モデル

ここでは，ポートフォリオの平均・分散モデルで利用される非線形計画問題(2 次計画問題）について説明してみよう．$\boldsymbol{x}$ をポートフォリオを表す n 次元ベクトルとする．ここでポートフォリオとは資産配分のことであり，x_i は資産 i への投資比率のことである．また μ_i を資産 i の平均収益率（期待収益率）として $\boldsymbol{m} = (\mu_1, \mu_2, \ldots, \mu_n)$ とすれば，内積 $\boldsymbol{m}^\top \boldsymbol{x} = \sum_{i=1}^n \mu_i x_i$ はポートフォリオの平均収益率を表している．複数の μ_i は同じ値でもよいが，少なくとも 2 つ以上の μ_i は等しくないものとする．また σ_{ij} を資産 i と j の収益率の共分散，行列 $\boldsymbol{V} = [\sigma_{ij}] \in \mathbb{R}^{n \times n}$ を分散共分散行列であるとする．ここで $\boldsymbol{x}^\top \boldsymbol{V} \boldsymbol{x} = \sum_{i,j} \sigma_{ij} x_i x_j$ はポートフォリオ収益の分散を表している．分散が大きいということは収益の変動リスクが大きいとみなすことができるので，分散 = リスクと考えて，リスクを一定以下に抑えた上で収益を最大化する最適化問題を考えることもできる．反対に次のように目標収益率（μ）を定義した上でリスクを最小化する最適化問題を考えてみよう．式 (4.19) では，目的関数が 2 次形式で表現されているので，2 次計画問題と呼ばれる非線形計画問題である．どの資産の収益率も，他の資産の収益率の 1 次結合で表現できないと仮定すると，行列 $\boldsymbol{V}$ はランクが n で正定値行列である（正定値については 5.1 節を参照)．

$$
\begin{array}{ll}
\text{最小化} & \boldsymbol{x}^\top \boldsymbol{V} \boldsymbol{x} = \sum_{i,j} \sigma_{ij} x_i x_j \\
\text{制約条件} & \sum_{i=1}^n \mu_i x_i = \mu \\
 & \sum_{i=1}^n x_i = 1
\end{array}
\tag{4.19}
$$

行列 $\boldsymbol{V}$ が正定値であれば，正定値の定義からすべての $\boldsymbol{x}(\neq 0)$ に対して $\boldsymbol{x}^\top \boldsymbol{V} \boldsymbol{x} > 0$ になることがいえるので，目的関数（リスク）は 0 より大きくな

る．ここで x は負でもよいので空売りを認めることになり，この場合はラグランジュ未定乗数法によって解析的に最適解を求めることができる．この 2 次計画問題の最適解の値を求めていくと期待収益率と分散の関係式が求められるので，図 4.2 のような曲線が現れる．これを有効フロンティア（あるいは効率的フロンティア）と呼び，有効フロンティアと無差別曲線が交わるところが最適ポートフォリオになる．

平均・分散モデルは個々の投資家の最適行動を決定するものであるが，投資家の行動の結果によって，市場の資産価格や収益率がどのように決定されるのか（市場均衡）を考慮する理論も現れた．例えば 1960 年代に開発された**資本資産評価モデル**（capital asset pricing model ; CAPM）は一時は非常に注目されていたが，株式，債券，不動産などのすべての資産の組合せからなる，検証不可能な市場ポートフォリオという唯一の因子に依存しているという欠陥から多くの批判にさらされていった．その後，**裁定評価理論**（arbitrage pricing theory ; APT）なども提唱されていった．APT は収益率を説明する複数の因子を仮定するが，金融資産の収益と因子の間に線形の関係があると仮定している（線形因子モデル）．このほかにも確率計画法の手法を用いたり，多期間に拡張したモデルなどが提唱されている．

4.4.2 平均・絶対偏差モデル

平均・分散モデルが提唱されてから，金融市場の国際化や金融商品の多様化によって，より大規模なモデルを解くことが求められるようになった．平均・分散モデルでは確率変数のバラツキを測定するために分散を用いているが，このために大規模な 2 次計画問題を解く必要があった．しかし 1960 年代当時のコンピュータのハードウェアやソフトウェアのレベルでは大きな規模の問題を解くことは困難であった．そこで超大型のポートフォリオを扱うためのモデルが提案されてきたが，ここでは**平均・絶対偏差モデル**（mean-absolute deviation model ; MAD）[91] を紹介しよう．平均・分散モデルでは収益のリスクの指標に分散（L_2 ノルム）を採用していたが，この場合では先程も述べたように 2 次計画問題を解かなければならない．一方，平均・絶対偏差モデルではリスクの指標に絶対偏差（L_1 ノルム）を用いているので，後で説明するように LP に変換することによって，かなり大規模な問題でも解くことができる．また平均収益率 $\boldsymbol{m} = (\mu_1, \mu_2, \ldots, \mu_n)$ が多次元正規分布に従うときは，平均・分散モデルと平均・絶対偏差モデルが等価であることが知られている[92)]．

具体的に平均・絶対偏差モデルを記述するために，第 t 期の $\boldsymbol{m} = (\mu_1, \mu_2, \ldots, \mu_n)$ の実現値が $\boldsymbol{m}_t = (\mu_{1t}, \mu_{2t}, \ldots, \mu_{nt}), t = 1, 2, \ldots, T$ であるとしよう．このとき平均・絶対偏差モデルは以下のように記述することができる．

$$
\begin{array}{ll}
\text{最小化} & \dfrac{1}{T}\sum_{t=1}^{T}|y_t| \\
\text{制約条件} & y_t = \sum_{i=1}^{n}(\mu_{it} - \mu_i)x_i, \quad t = 1, 2, \ldots, T \\
& \sum_{i=1}^{n}\mu_i x_i = \mu \\
& \sum_{i=1}^{n} x_i = 1
\end{array}
\tag{4.20}
$$

この式 (4.20) は以下の LP と等価になる．

$$
\begin{array}{lll}
\text{最小化} & \dfrac{1}{T}\sum_{t=1}^{T} z_t & \\
\text{制約条件} & z_t \le \sum_{i=1}^{n}(\mu_{it} - \mu_i)x_i, & t = 1, 2, \ldots, T \\
& z_t \le -\sum_{i=1}^{n}(\mu_{it} - \mu_i)x_i, & t = 1, 2, \ldots, T \\
& \sum_{i=1}^{n}\mu_i x_i = \mu & \\
& \sum_{i=1}^{n} x_i = 1 &
\end{array}
\tag{4.21}
$$

一見すると式 (4.20) は目的関数が微分不可能なので解くことが困難と思われるが，等価な式 (4.21) に変換すると LP になっているので，かなり大規模なデータに対しても最適解を求めることができる．

4.4.3 条件付き CVaR 最小化問題

条件付き value-at-risk（CVaR）最小化問題[155)]とは任意の確率内で発生する最大損失の期待値を最小化する問題であり，金融機関のリスク管理の指標として用いられている．最初に value-at-risk（VaR）最小化問題を説明しよう．VaR とはある一定の確率で起こりうる将来の損失額の最大値であり[172)]，具体的には信頼水準 β を決定したときに，損失が m より大きくなる確率が $1 - \beta$ 以下になるような最小の m として定義される．以下は VaR 最小化問題の定式化であり，VaR が最小になるように n 種類の金融資産に対する投資額や投資比率を決定する問題である．

$$\begin{array}{ll} \text{最小化} & m \\ \text{制約条件} & \boldsymbol{x} \in \boldsymbol{X} \\ & \text{Prob}\{\boldsymbol{x}^\top \boldsymbol{y} - m \geq 0\} \leq 1 - \beta \end{array} \tag{4.22}$$

このとき,

$$\begin{array}{ll} \boldsymbol{x} \in \mathbb{R}^n & \text{金融資産への投資比率ベクトル} \\ m & \text{VaR (決定変数)} \\ \boldsymbol{X} \subseteq \mathbb{R}^n & \text{実行可能な投資集合} \\ \boldsymbol{y} \in \mathbb{R}^n & \text{金融資産の損失を表す確率ベクトル} \\ & \text{よって}\boldsymbol{x}^\top\boldsymbol{y}\text{はポートフォリオ全体の損失を表す} \\ \beta \in (0,1) & \text{信頼水準} \end{array} \tag{4.23}$$

である．ここで，確率変数 $\boldsymbol{y}$ が特定の離散分布に従うと仮定する．つまり，有限個のベクトル集合 $S := 1, 2, \ldots, |S|$ が与えられたときに，$s \in S$ に対して $p_s := \text{Prob}\{\boldsymbol{y} = \boldsymbol{y}^{\text{s}}\}$ とする．ただし，$\sum_{\boldsymbol{s} \in S} p_s = 1$ かつ，すべての $s \in S$ に対して $p_s > 0$ とする．次に CVaR を定義しよう．CVaR が損失が VaR 以上という条件付きの損失の期待値として定義され，CVaR 最小化問題は凸計画問題となる．CVaR 最小化問題は以下のように定式化することができる．

$$\begin{array}{ll} \text{最小化} & m + \dfrac{1}{1-\beta}\mathbf{E}\left[[\boldsymbol{x}^\top \boldsymbol{y} - m]_+\right] \\ \text{制約条件} & \boldsymbol{x} \in \boldsymbol{X} \end{array} \tag{4.24}$$

ただし，$[a]_+ := \max\{0, a\}$ とする．さらに先程の確率変数 $\boldsymbol{y}$ の仮定の下では，式 (4.24) は以下の LP と等価である．

$$\begin{array}{ll} \text{最小化} & m + \dfrac{1}{1-\beta}\sum_{s \in S} p_s \tau_s \\ \text{制約条件} & \boldsymbol{x} \in \boldsymbol{X} \\ & \tau_s \geq 0, \quad \tau_s \geq \boldsymbol{x}^\top \boldsymbol{y}^s - m, \ s \in S \end{array} \tag{4.25}$$

いくつかの仮定をおくことによって，CVaR 最小化問題は LP として定式化することができるので，変数が多い相当大きな問題に対しても解を求めることが可能になっている．この CVaR を VaR 最小化問題に利用する方法なども提案されている[99]．

● 4.5 ● 錐計画問題 ●

次の条件を満たす集合 $\boldsymbol{K} \subseteqq \mathbb{R}^n$ を錐（cone）という．有名な三角錐や円錐なども錐に含まれる．

$$\boldsymbol{x} \in \boldsymbol{K},\ \ \alpha \in [0, \infty) \ \Rightarrow\ \alpha \boldsymbol{x} \in \boldsymbol{K} \tag{4.26}$$

つまり錐 $\boldsymbol{K}$ とは原点 $x = 0$ を始点として $\boldsymbol{K}$ 内の任意の点を通る半直線を含む集合である．空でない錐は常に原点を含んでいる．錐が凸集合であるときに**凸錐**（convex cone），閉集合であるとき**閉錐**（closed cone），さらに閉集合である凸錐を**閉凸錐**（closed convex cone）という．行列 $\boldsymbol{A}$ を n 次元空間から m 次元空間への線形写像（つまり $\boldsymbol{A} \in \mathbb{R}^{m \times n}$），また $\boldsymbol{b} \in \mathbb{R}^m$，$\boldsymbol{c} \in \mathbb{R}^n$ とする．ここで $\boldsymbol{K} \subseteqq \mathbb{R}^n$ を閉凸錐，$\boldsymbol{K}^*$ をその**双対錐**（dual cone）$\boldsymbol{K}^* \equiv \{\boldsymbol{s} : \forall \boldsymbol{x} \in \boldsymbol{K},\ \boldsymbol{x}^\top \boldsymbol{s} \geq \boldsymbol{0}\}$ とする．このとき**錐計画問題**（conic programming）とその双対問題は以下のように与えられる．

主問題

$$\begin{aligned} &\text{最小化} \quad \boldsymbol{c}^\top \boldsymbol{x} \\ &\text{制約条件} \quad \boldsymbol{A}\boldsymbol{x} = \boldsymbol{b},\ \ \boldsymbol{x} \in \boldsymbol{K} \end{aligned} \tag{4.27}$$

双対問題

$$\begin{aligned} &\text{最大化} \quad \boldsymbol{b}^\top \boldsymbol{y} \\ &\text{制約条件} \quad \boldsymbol{A}^\top \boldsymbol{y} + \boldsymbol{s} = \boldsymbol{c},\ \ \boldsymbol{s} \in \boldsymbol{K}^* \end{aligned} \tag{4.28}$$

$\boldsymbol{K}$ を非負領域全体あるいは半正定値実対称行列全体からなる錐と仮定すると自己双対性より $\boldsymbol{K} = \boldsymbol{K}^*$ である．例えば $\boldsymbol{K}$ を非負領域全体とすると $\boldsymbol{K}^* = \{\boldsymbol{s} : \forall \boldsymbol{x} \in \boldsymbol{K},\ \boldsymbol{s}^\top \boldsymbol{x} \geq \boldsymbol{0}\} = \boldsymbol{K}$ は明らかである．$\boldsymbol{K}$ が非負領域全体の場合には主問題は LP，半正定値実対称行列全体の場合には主問題は SDP になる．この両者の錐のことは**等質錐**（homogeneous cone）とも呼ばれる．また双対錐の定義から

$$\boldsymbol{c}^\top \boldsymbol{x} - \boldsymbol{b}^\top \boldsymbol{y} = \boldsymbol{c}^\top \boldsymbol{x} - (\boldsymbol{A}\boldsymbol{x})^\top \boldsymbol{y} = (\boldsymbol{c} - \boldsymbol{A}^\top \boldsymbol{y})^\top \boldsymbol{x} = \boldsymbol{s}^\top \boldsymbol{x} \geq \boldsymbol{0} \tag{4.29}$$

が成り立つことがいえるので，主問題と双対問題との間に弱双対定理が成立していることがわかる．以上の議論から LP や SDP の双対問題は，やはり LP や SDP になっていることがわかる．等質で自己双対な錐のことは

対称錐（symmetric cone）というが，LP も SDP も**対称錐上の LP**（linear programming problem over symmetric cones）ということもできる．対称錐が複数の **2 次錐**（second-order cone）の**直積**（Cartesian product）からなる場合の対称錐上の LP を **2 次錐計画問題**（second-order cone programming problem ; SOCP）といい，多くの応用をもつことが知られている（例えば LP に対するロバスト最適化など[13)]）．例えば $(\boldsymbol{x}_0, \boldsymbol{x}_1) \in \mathbb{R} \times \mathbb{R}^{n-1}$ としたとき，錐 $\boldsymbol{K}$ は

$$\boldsymbol{K} = \{(x_0, \boldsymbol{x}_1) \,|\, x_0 \geq \|\boldsymbol{x}_1\|\} \tag{4.30}$$

2 次錐と呼ばれる．この錐も対称錐の 1 つで要素ごとの積和として定義される通常の内積計算について自己双対錐になっている．

$$\boldsymbol{K}^* \equiv \{\boldsymbol{s} \,|\, \boldsymbol{s}^\top \boldsymbol{x} \geq \boldsymbol{0}, \forall \boldsymbol{x} \in \boldsymbol{K}\} = \boldsymbol{K} \tag{4.31}$$

ここで $\boldsymbol{x} \in K$ を $\boldsymbol{x} \succeq \boldsymbol{0}$ と記すことにしよう．次に $\boldsymbol{A}_i \in \mathbb{R}^{m \times n_i}$，$\boldsymbol{c}_i \in \mathbb{R}^{n_1}$，$\boldsymbol{x}_i \in \mathbb{R}^{n_i}$，$\boldsymbol{s}_i \in \mathbb{R}^{n_i}$ として，変数ベクトルが 2 次錐 $\boldsymbol{x}_i \in \boldsymbol{K}_i$（つまり $\boldsymbol{x}_i \succeq \boldsymbol{0}$）に含まれているという制約条件をもつ次の最適化問題を考えてみよう．

主問題

$$\begin{array}{ll} \text{最小化} & \sum_{i=1}^n \boldsymbol{c}_i^\top \boldsymbol{x}_i \\ \text{制約条件} & \sum_{i=1}^n \boldsymbol{A}_i \boldsymbol{x}_i = \boldsymbol{b}, \quad \boldsymbol{x}_i \succeq \boldsymbol{0}, \quad i = 1, 2, \ldots, n \end{array} \tag{4.32}$$

双対問題

$$\begin{array}{ll} \text{最大化} & \boldsymbol{b}^\top \boldsymbol{y} \\ \text{制約条件} & \boldsymbol{A}_i^\top \boldsymbol{y} + \boldsymbol{s}_i = \boldsymbol{c}_i, \quad \boldsymbol{s}_i \succeq \boldsymbol{0}, \quad i = 1, 2, \ldots, n \end{array} \tag{4.33}$$

ここで，

$$\begin{aligned} &\boldsymbol{A} \equiv (\boldsymbol{A}_1, \boldsymbol{A}_2, \ldots, \boldsymbol{A}_n), \quad \boldsymbol{c} \equiv (\boldsymbol{c}_1, \boldsymbol{c}_2, \ldots, \boldsymbol{c}_n), \\ &\boldsymbol{s} \equiv (\boldsymbol{s}_1, \boldsymbol{s}_2, \ldots, \boldsymbol{s}_n), \quad \boldsymbol{x} \equiv (\boldsymbol{x}_1, \boldsymbol{x}_2, \ldots, \boldsymbol{x}_n), \\ &\boldsymbol{K} \equiv \boldsymbol{K}_1 \times \boldsymbol{K}_2 \times \ldots \times \boldsymbol{K}_n \end{aligned}$$

と定義することにする．ただし × とは直積で集合 $\boldsymbol{X} \subseteq \mathbb{R}^m$ と $\boldsymbol{Y} \subseteq \mathbb{R}^n$ に対して

$$\boldsymbol{X} \times \boldsymbol{Y} = \{(\boldsymbol{x}, \boldsymbol{y}) \in \mathbb{R}^{m+n} \,|\, \boldsymbol{x} \in \boldsymbol{X}, \boldsymbol{y} \in \boldsymbol{Y}\} \tag{4.34}$$

で定義される集合を $\boldsymbol{X}$ と $\boldsymbol{Y}$ の直積という．$\boldsymbol{x} \in \boldsymbol{K}$ を $\boldsymbol{x} \succeq \boldsymbol{0}$ と表すことにすると，主問題 (4.32) と双対問題 (4.33) は以下のように表すことができる．

主問題

$$\begin{array}{ll} \text{最小化} & \boldsymbol{c}^\top \boldsymbol{x} \\ \text{制約条件} & \boldsymbol{A}\boldsymbol{x} = \boldsymbol{b}, \quad \boldsymbol{x} \succeq \boldsymbol{0} \end{array} \tag{4.35}$$

双対問題

$$\begin{array}{ll} \text{最大化} & \boldsymbol{b}^\top \boldsymbol{y} \\ \text{制約条件} & \boldsymbol{A}^\top \boldsymbol{y} + \boldsymbol{s} = \boldsymbol{c}, \quad \boldsymbol{s} \succeq \boldsymbol{0} \end{array} \tag{4.36}$$

これは SOCP の定式化になっていて，SOCP も対称錐上の LP の 1 つである．この問題の場合も (4.31) より，以下のように弱双対定理が成り立っていることがわかる．

$$\boldsymbol{c}^\top \boldsymbol{x} - \boldsymbol{b}^\top \boldsymbol{y} = \boldsymbol{c}^\top \boldsymbol{x} - \boldsymbol{x}^\top \boldsymbol{A}^\top \boldsymbol{y} = (\boldsymbol{c} - \boldsymbol{A}^\top \boldsymbol{y})^\top \boldsymbol{x} = \boldsymbol{s}^\top \boldsymbol{x} \geq \boldsymbol{0} \tag{4.37}$$

SOCP にも様々な応用が知られていて，近年では LP や SDP などとともに頻繁に研究が行われている．

5 半正定値計画問題

● 5.1 ● 問題の定義 ●

本章では最適化問題として頻繁に用いられる数理計画問題の中から，近年研究の進展が特に目覚しく，21 世紀の線形計画問題（LP）として，その幅広い応用を期待されている半正定値計画問題（SDP）を取り上げる．SDP などの最適化問題が最近特に注目を集めている理由には以下のようなものが考えられる．

1) 主双対内点法などのアルゴリズムによって，多項式時間で最適解を求めることができる（つまり高速で安定したアルゴリズムが存在する）
2) SDP は LP，凸 2 次計画問題や **2 次錐計画問題**（SOCP）などを含んだより大きな凸計画問題の枠組みであるが，SDP として定式化できる最適化問題が解けるだけでなく，非凸最適化問題に対する強力な緩和値を導き出すことができる．そのため SDP を繰り返して解くことによって（最適に解くことがきわめて難しいが実用上重要な）非凸最適化問題を扱える可能性をもっている[87, 140)]（つまり問題の適用範囲が広い）
3) 組合せ最適化問題，整数計画問題（IP），ノルムなどを用いた配置問題[15)]，システムと制御，ロバスト最適化，量子化学など非常に多くの SDP の応用が存在する．興味のある方は *1) や *2) などを参照のこと
4) 多くの SDP に対するソフトウェアが開発され，インターネットを通じて公開されている[47)]．さらに複雑で大規模な問題を解くためには，理論

---

*1) http://liinwww.ira.uka.de/bibliography/Math/psd.html

*2) http://www-user.tu-chemnitz.de/~helmberg/semidef.html

的成果を随時組み入れるとともに，最新の並列計算技術（クラスタやグリッド計算）などとの融合も必要不可欠である．最近では多くの成果が報告されていて，相当大きな規模の SDP を解くことが可能になってきている[1, 49, 169, 171)]

$$
\begin{array}{ll}
\textbf{主問題} & \\
\quad \text{最小化} & \boldsymbol{C} \bullet \boldsymbol{X} \\
\quad \text{制約条件} & \boldsymbol{A}_i \bullet \boldsymbol{X} = b_i, \quad i = 1, 2, \ldots, m \\
& \boldsymbol{X} \succeq \boldsymbol{O} \\
\textbf{双対問題} & \\
\quad \text{最大化} & \sum_{i=1}^{m} b_i y_i \\
\quad \text{制約条件} & \sum_{i=1}^{m} \boldsymbol{A}_i y_i + \boldsymbol{Z} = \boldsymbol{C} \\
& \boldsymbol{Z} \succeq \boldsymbol{O}
\end{array}
\tag{5.1}
$$

次に SDP に関する諸定義を行う．$\mathbb{R}^{n\times n}$ を $n \times n$ の実行列の集合，$\mathcal{S}^n$ を $n \times n$ の実対称行列の集合とする．任意の $\boldsymbol{X}, \boldsymbol{Z} \in \mathbb{R}^{n\times n}$ に対して $\boldsymbol{X} \bullet \boldsymbol{Z}$ は $\boldsymbol{X}$ と $\boldsymbol{Z}$ の内積，すなわち $\mathrm{Tr}\, \boldsymbol{X}^\top \boldsymbol{Z}$（$\boldsymbol{X}^\top \boldsymbol{Z}$ のトレース：固有和）を表す．$\boldsymbol{X} \succ \boldsymbol{O}$ は $\boldsymbol{X} \in \mathcal{S}^n$ が正定値，つまり任意の $\boldsymbol{u}(\neq 0) \in \mathbb{R}^n$ に対し $\boldsymbol{u}^\top \boldsymbol{X} \boldsymbol{u} > 0$ であることを示している．また $\boldsymbol{X} \succeq \boldsymbol{O}$ は $\boldsymbol{X} \in \mathcal{S}^n$ が半正定値，つまり任意の $\boldsymbol{u} \in \mathbb{R}^n$ に対して $\boldsymbol{u}^\top \boldsymbol{X} \boldsymbol{u} \geq 0$ であることを示している．

$\boldsymbol{C} \in \mathcal{S}^n$, $\boldsymbol{A}_i \in \mathcal{S}^n$, $i = 1, 2, \ldots, m$, $b_i, y_i \in \mathbb{R}$, $i = 1, 2, \ldots, m$, $\boldsymbol{X} \in \mathcal{S}^n$, $\boldsymbol{Z} \in \mathcal{S}^n$ とする．このとき SDP の主問題と双対問題は (5.1) のように与えられる．ここで $(\boldsymbol{X}, \boldsymbol{y}, \boldsymbol{Z})$ が SDP の実行可能解であるとは，$\boldsymbol{X}$ が主問題の実行可能解であり，$(\boldsymbol{y}, \boldsymbol{Z})$ が双対問題の実行可能解であることを表す．また，$(\boldsymbol{X}, \boldsymbol{y}, \boldsymbol{Z})$ が SDP の実行可能内点解であるとは，$\boldsymbol{X}$ が主問題の実行可能内点解（つまり，$\boldsymbol{X} \succ \boldsymbol{O}$ を満たす実行可能解）であり，$(\boldsymbol{y}, \boldsymbol{Z})$ が双対問題の実行可能内点解（つまり，$\boldsymbol{Z} \succ \boldsymbol{O}$ を満たす実行可能解）の場合である．

ここで半正定値行列の集合を $\mathcal{S}^n_+ = \{\boldsymbol{X} \in \mathcal{S}^n : \boldsymbol{X} \succeq \boldsymbol{O}\}$ とすると $\mathcal{S}^n_+$ は以下のような特徴をもっている．

1) $\mathcal{S}^n_+$ は閉凸錐（4.5 節参照）である
2) $\boldsymbol{X}, \boldsymbol{Z} \in \mathcal{S}^n_+ \Rightarrow \boldsymbol{X} \bullet \boldsymbol{Z} \geq 0$．特に $\boldsymbol{X} \bullet \boldsymbol{Z} = 0 \Leftrightarrow \boldsymbol{X}\boldsymbol{Z} = \boldsymbol{O}$
3) $\{\boldsymbol{Z} \in \mathcal{S}^n : \boldsymbol{X} \bullet \boldsymbol{Z} \geq 0, \forall\ \boldsymbol{X} \in \mathcal{S}^n_+\}$（自己双対性）

また $\boldsymbol{X} \bullet \boldsymbol{Z} \geq 0$ なので，主問題の目的関数 $\boldsymbol{C} \bullet \boldsymbol{X}$ と双対問題の目的関数 $\sum_{i=1}^{m} b_i y_i$ の間に以下の不等式が成り立つ（弱双対定理）．

$$\begin{aligned} \boldsymbol{X} \bullet \boldsymbol{Z} &= \boldsymbol{X} \bullet \left(\boldsymbol{C} - \sum_{i=1}^{m} \boldsymbol{A}_i y_i \right) = \boldsymbol{C} \bullet \boldsymbol{X} - \sum_{i=1}^{m} (\boldsymbol{A}_i \bullet \boldsymbol{X} y_i) \\ &= \boldsymbol{C} \bullet \boldsymbol{X} - \sum_{i=1}^{m} b_i y_i \geq 0 \end{aligned} \tag{5.2}$$

LP では実行可能解が存在して弱双対定理が成り立っていれば，自動的に最適解においては強双対定理が成り立つが，SDP では内点実行可能解（つまり $\boldsymbol{X} \succ \boldsymbol{O}$，$\boldsymbol{Z} \succ \boldsymbol{O}$）の存在を仮定する必要がある．この仮定の下で，SDP の実行可能解 $(\boldsymbol{X}, \boldsymbol{y}, \boldsymbol{Z})$ が最適解であるための必要十分条件は，主問題と双対問題の最適解における目的関数値が一致することである．つまり以下のようになる．

$$\boldsymbol{X} \bullet \boldsymbol{Z} = \boldsymbol{C} \bullet \boldsymbol{X} - \sum_{i=1}^{m} b_i y_i = 0 \tag{5.3}$$

反対に内点実行可能解が存在しない場合には，強双対定理が成り立たないので，主問題の最適解における目的関数値と双対問題の最適解における目的関数が一致しない，つまり**双対ギャップ**（duality gap）が存在する．

また 4.2 節の相補性問題のところでも触れたが，SDP と相補性定理にも密接な関係がある．上記の強双対定理と同様に SDP に内点実行可能解が存在すると仮定する．この仮定の下で，SDP の実行可能解 $(\boldsymbol{X}, \boldsymbol{y}, \boldsymbol{Z})$ が最適解であるための必要十分条件は相補性条件 $\boldsymbol{X}\boldsymbol{Z} = \boldsymbol{O}$ が成立することである．

SDP および SDP を解くための手法については，文献 45, 46, 86, 148, 149) などを参考にしていただきたい．

一通り定義が終わったところで SDP の雰囲気を味わうために簡単な例題を用いてみよう．

主問題

最小化 $\begin{pmatrix} -11 & 0 \\ 0 & 23 \end{pmatrix} \bullet \boldsymbol{X}$

$$\text{制約条件}\quad \begin{pmatrix} 10 & 4 \\ 4 & 0 \end{pmatrix} \bullet \boldsymbol{X} = 48$$

$$\begin{pmatrix} 0 & 0 \\ 0 & -8 \end{pmatrix} \bullet \boldsymbol{X} = -8$$

$$\begin{pmatrix} 0 & -8 \\ -8 & -2 \end{pmatrix} \bullet \boldsymbol{X} = 20$$

$$\boldsymbol{X} \succeq \boldsymbol{O}$$

双対問題

$$\text{最大化}\quad 48y_1 - 8y_2 + 20y_3$$

$$\text{制約条件}\quad \begin{pmatrix} 10 & 4 \\ 4 & 0 \end{pmatrix} y_1 + \begin{pmatrix} 0 & 0 \\ 0 & -8 \end{pmatrix} y_2 + \begin{pmatrix} 0 & -8 \\ -8 & -2 \end{pmatrix} y_3 + \boldsymbol{Z} = \begin{pmatrix} -11 & 0 \\ 0 & 23 \end{pmatrix}$$

$$\boldsymbol{Z} \succeq \boldsymbol{O}$$

このとき，各定数ベクトルや行列の値は以下のようになる．

$$m = 3,\ n = 2,\ \boldsymbol{b} = \begin{pmatrix} 48 \\ -8 \\ 20 \end{pmatrix},\ \boldsymbol{C} = \begin{pmatrix} -11 & 0 \\ 0 & 23 \end{pmatrix},$$

$$\boldsymbol{A}_1 = \begin{pmatrix} 10 & 4 \\ 4 & 0 \end{pmatrix},\ \boldsymbol{A}_2 = \begin{pmatrix} 0 & 0 \\ 0 & -8 \end{pmatrix},\ \boldsymbol{A}_3 = \begin{pmatrix} 0 & -8 \\ -8 & -2 \end{pmatrix}$$

この程度の小さな SDP は SDP ソルバで解けば瞬く間に解けてしまうが，ここで半正定値行列について考えてみよう．以下の 3 つは同値であるが，詳しくは文献 111) などを参照のこと．

1) 任意の $\boldsymbol{u} \in \mathbb{R}^n$ に対し $\boldsymbol{u}^\top \boldsymbol{X} \boldsymbol{u} \geq 0$ であること

2) $\boldsymbol{X}$ の固有値がすべて 0 以上であること

3) $\boldsymbol{X}$ が $\boldsymbol{X} = \boldsymbol{L}\boldsymbol{L}^\top$ とコレスキー分解できること（$\boldsymbol{L}$ は下三角行列）

上記の 3 つはすべて同値であるので，例えば $\boldsymbol{X}$ の固有値がすべて 0 以上であれば $\boldsymbol{X}$ は半正定値ということもできる．以上を踏まえて上記の SDP の最適解を求めてみよう．SDP を解くためのソフトウェア SDPA については後述する．この場合には，主問題の目的関数値と双対問題の目的関数値は一致して $+4.190e+01$ になる．また変数ベクトルと行列の値は次のとおりである．

$$\boldsymbol{X} = \begin{pmatrix} +5.900e+00 - 1.375e+00 \\ -1.375e+00 + 1.000e-00 \end{pmatrix},\ \boldsymbol{y} = \begin{pmatrix} -1.100e+00 \\ -2.738e+00 \\ -5.500e-01 \end{pmatrix},$$

$$\boldsymbol{Z} = \begin{pmatrix} +4.784e-08 + 6.578e-08 \\ +6.578e-08 + 2.823e-07 \end{pmatrix}$$

このとき $\boldsymbol{X}$ の固有値は $+6.259e+01$ と $+6.405e-01$，また $\boldsymbol{Z}$ の固有値は $+3.065e-08$ と $+2.995e-07$ であり，やはりすべての固有値が 0 以上になっている．次からは SDP の応用について具体的に見ていこう．

● 5.2 ● 半正定値制約条件の使用法 ●

SDP の応用を考える際には，半正定値制約条件でどのような制約が表現可能かを知る必要がある．LP と比較した場合には相当複雑な制約も表現できるようになっている．

1) $\boldsymbol{X} \in \mathcal{S}^n$ は $\boldsymbol{x} \in \mathbb{R}^n$ を対角成分にもつ対角行列であるとしよう．つまり $\boldsymbol{X} = \mathrm{diag}(\boldsymbol{x})$ である．このとき $\boldsymbol{X} \succeq \boldsymbol{O} \Leftrightarrow \boldsymbol{x} \geq 0$ であることは明らかである．つまり余計な変数が必要になるが（$\boldsymbol{X}$ の対角要素以外は実際には使用しないので），LP は SDP で表現できる．つまり簡単にいえば SDP のソフトウェアで LP を解くことができる．図 1.2 を見ると LP $\subset$ SDP である．実際には，実行時間が遅いなどの不利な点が多いので SDP のソフトウェアで LP を解くことは推奨されないが，理論的には重要な意味をもつ[86)]

2) 線形制約だけでなく，2 次錐制約も SDP で表現できる．$(x, \boldsymbol{y}) \in \mathbb{R} \times \mathbb{R}^{n-1}$ としたとき，2 次錐 $\boldsymbol{K}$

$$\boldsymbol{K} = \{(x, \boldsymbol{y}) | x \geq \|\boldsymbol{y}\|\} \tag{5.4}$$

は，次のような半正定値条件で表現することができる（$\boldsymbol{I}$ は単位行列）．

$$\begin{pmatrix} \boldsymbol{x} & \boldsymbol{y}^\top \\ \boldsymbol{y} & x\boldsymbol{I} \end{pmatrix} \succeq \boldsymbol{O} \tag{5.5}$$

以前は SOCP を直接解けるソフトウェアが少なかったので，SDP のソフトウェアを用いて SOCP を解くことも行われていたが，最近では直接 SOCP を解くことができるソフトウェアも増えている

3) シュアー補行列（Schur complement）を用いて行列 $\boldsymbol{X}$ に関する 2 次の正定値制約を線形行列不等式（linear matrix inequality ; LMI）に変換することができる．

$$\begin{pmatrix} \boldsymbol{F} & \boldsymbol{X} \\ \boldsymbol{X}^\top & \boldsymbol{G} \end{pmatrix} \succ \boldsymbol{O} \tag{5.6}$$

は次の 2 つの条件と同値である．

$$\boldsymbol{F} \succ \boldsymbol{O}, \quad \boldsymbol{G} - \boldsymbol{X}^\top \boldsymbol{F}^{-1} \boldsymbol{X} \succ \boldsymbol{O} \tag{5.7}$$

(5.6) の正定値制約は $\boldsymbol{X}$ に関する 1 次の制約なので SDP として定式化することができる．$\boldsymbol{G} - \boldsymbol{X}^\top \boldsymbol{F}^{-1} \boldsymbol{X}$ のことをシュアー補行列というが，このように LMI に変換する方法はよく知られている

5.3 組合せ最適化問題に対する応用

次に組合せ最適化問題に対する SDP の応用を見てみよう．

多くの組合せ最適化問題は以下のような 0–1 IP として表現することができる．

0–1 IP

$$\begin{aligned} &\text{最小化} \quad \boldsymbol{c}^\top \boldsymbol{x} \\ &\text{制約条件} \quad \boldsymbol{x} \in P = \left\{ \boldsymbol{x} : \begin{array}{l} \boldsymbol{A}\boldsymbol{x} = \boldsymbol{b}, \\ x_i \in \{0,1\}, \quad i = 1, 2, \ldots, n \end{array} \right\} \end{aligned}$$

0–1 IP は，LP に各変数が 0 か 1 の値しかとってはいけないという制約を付け加えた問題と考えることもできる．この 0–1 制約は，$x_i(1 - x_i) = 0$ という非凸 2 次制約条件で置き換えることもできる．

非凸 2 次計画問題

$$\begin{array}{ll} \text{最小化} & \boldsymbol{c}^\top \boldsymbol{x} \\ \text{制約条件} & \boldsymbol{x} \in P = \left\{ \boldsymbol{x} : \begin{array}{l} \boldsymbol{A}\boldsymbol{x} = \boldsymbol{b}, \\ x_i(1 - x_i) = 0, \quad i = 1, 2, \ldots, n \end{array} \right\} \end{array}$$

上記の非凸計画問題を直接解くことは非常に難しい．SDP が非凸最適化問題に対する強力な緩和問題を与えることはすでに述べたが，具体的な例は次節で見ていこう．ここでは簡単に実行可能領域 P をよく近似する凸集合 $\tilde{P}$ を SDP を用いることによって構成できるとする．

SDP 緩和問題

$$\begin{array}{ll} \text{最小化} & \boldsymbol{c}^\top \boldsymbol{x} \\ \text{制約条件} & \boldsymbol{x} \in \tilde{P} \end{array}$$

また SDP 以外で頻繁に用いられるのは以下のような LP 緩和問題である．

LP 緩和問題

$$\begin{array}{ll} \text{最小化} & \boldsymbol{c}^\top \boldsymbol{x} \\ \text{制約条件} & \boldsymbol{x} \in \hat{P} = \left\{ \boldsymbol{x} : \begin{array}{l} \boldsymbol{A}\boldsymbol{x} = \boldsymbol{b}, \\ 0 \leq x_i \leq 1, \quad i = 1, 2, \ldots, n \end{array} \right\} \end{array}$$

つまり $x_i \in \{0, 1\}$ を $0 \leq x_i \leq 1$ と緩和しているので，明らかに $P \subset \hat{P}$ である．LP による緩和問題の最小値は IP の最小値の下界を与える．さらに SDP を利用すると $P \subset \tilde{P} \subset \hat{P}$ を満たし，P をよりよく近似する凸集合 $\tilde{P}$ を構成できる．P と $\hat{P}$ や $\tilde{P}$ が近似的に等しい場合には，緩和問題の最小解が IP の近似最小解になる．

● 5.4 ●　グラフ分割問題に対する半正定値計画緩和問題 ●

グラフ分割問題（graph partitioning problem ; GPP）は代表的な組合せ最適化問題の 1 つであるが，$\mathcal{NP}$ 困難な問題なので，最適解を求めるのは容易ではない．ここでは半正定値計画（SDP）緩和問題と近似解法（メタヒューリスティックス）を用いて GPP の最適解を求める方法を見てみよう．

ここでは，図 5.1 のグラフの GPP（点数 1,000）の最適解を求めてみよう．

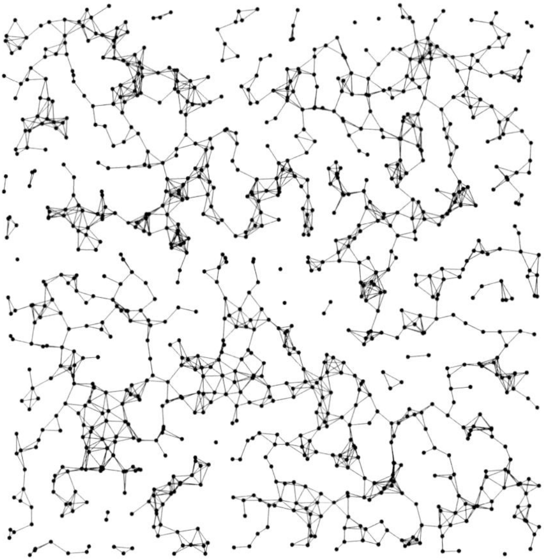

図 **5.1** 点数 1,000 のグラフ

GPP とは次のように定義される．

無向グラフ $G = (V, E)$（V は点，E は枝の集合）が与えられたとき，各枝 $(i, j) \in E$ 上には，非負の重み c_{ij} が存在するものとして，それを費用と呼ぶことにする．また $|V|$ は偶数で，$n = |V|$ と仮定する．点集合 V の分割とは，$L \cap R = \emptyset$，$L \cup R = V$ を満たす点集合の対 (L, R) である．それぞれ L は左点集合，R は右点集合と呼ぶことにする．特に $|L| = |R| = n/2$ のとき (L, R) を一様分割という．GPP の目的は，$c(LR) = \sum_{i \in L, j \in R} c_{ij}$ を最小にする一様分割 (L, R) を見つけることにある（図 5.2）．なお VLSI 設計やプログラム分割などに応用をもっている．図 5.2 の例では目的関数は L と R の間にまたがる枝の本数であり，この場合は 3 本である．

ここでは一様分割を考え，点 i と点 j 間に枝が存在しない場合には $c_{ij} = 0$，存在する場合には 1 としよう．次に変数ベクトル $\boldsymbol{u} \in \mathbb{R}^n$ を導入して，点 i に関する変数 u_i を次のように定義する．

$$u_i = \begin{cases} 1, & i \in L \\ -1, & i \in R \end{cases}$$

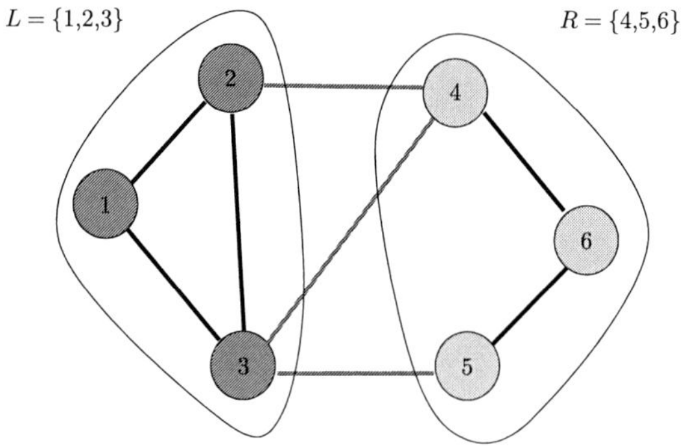

図 **5.2**　グラフ分割問題

上で定義した変数 u_i を使用して，GPP は次のような非凸 2 次計画問題として定式化できる．

$$
\begin{array}{ll}
\text{最小化} & \dfrac{1}{2}\sum_{i=1}^{n}\sum_{j=i+1}^{n} C_{ij}(1-u_iu_j) \\
\text{制約条件} & \sum_{i=1}^{n} u_i = 0 \\
 & u_i^2 = 1,\ \ i = 1,2,\ldots,n
\end{array}
\tag{5.8}
$$

$u_i^2 = 1$ なので u_i は -1 か 1 の値をとり，また $\sum_{i=1}^{n} u_i = 0$ なので，$|L| = |R| = n/2$ になる．ここでさらにいくつか定義を行う．まず行列 $\boldsymbol{C}$ は大きさ $n \times n$ の対称行列であり，$C_{ji} = C_{ij}$，$(i,j) \in E$，$C_{ii} = 0$，$i = 1,2,\ldots,n$ であるとする．また，行列 $\boldsymbol{B} \in \mathcal{S}^n$ は次の式で定義される大きさ $n \times n$ の対称行列である．

$$\boldsymbol{B} = \mathrm{diag}(\boldsymbol{Ce}) - \boldsymbol{C}$$

このとき $\boldsymbol{e} \in \mathbb{R}^n$ はすべての要素が 1 のベクトルであり，$\mathrm{diag}(\boldsymbol{Ce})$ はベクトル $\boldsymbol{Ce} \in \mathbb{R}^n$ を対角部分にもつ対角行列である．これらの記号を用いて，GPP は次のような 2 次計画問題として定式化することができる．

$$
\begin{array}{ll}
\text{最小化} & \boldsymbol{x}^\top \boldsymbol{Bx} \\
\text{制約条件} & \sum_{i=1}^{n} x_i = 0 \\
 & x_i^2 = 1/4,\ \ i = 1,2,\ldots,n
\end{array}
\tag{5.9}
$$

もし $\boldsymbol{x} \in \mathbb{R}^n$ がこの 2 次計画問題の実行可能解ならば，(i,j) 番目の要素が $X_{ij} = x_ix_j$ で与えられる半正定値行列 $\boldsymbol{X}$ は，$\boldsymbol{A}_0 \bullet \boldsymbol{X} = \boldsymbol{x}^\top \boldsymbol{A}_0 \boldsymbol{x}$ と

$X_{ii} = 1/4,\ i = 1, 2, \ldots, n$ および $\sum_{i=1}^{n} \sum_{j=1}^{n} X_{ij} = 0$ の条件を満たす．これらのことから次の GPP への SDP 緩和を導くことができる．

$$\begin{array}{ll} \text{最小化} & \boldsymbol{B} \bullet \boldsymbol{X} \\ \text{制約条件} & \boldsymbol{E}_{ii} \bullet \boldsymbol{X} = 1/4, \quad i = 1, 2, \ldots, n \\ & \boldsymbol{E} \bullet \boldsymbol{X} = 0 \\ & \boldsymbol{X} \succeq \boldsymbol{O} \end{array} \tag{5.10}$$

$\boldsymbol{E}_{ii}$ は大きさ $n \times n$ の対称行列を示し，$\boldsymbol{E}$ の (i, i) 要素だけが 1，他の要素はすべて 0 である．また $\boldsymbol{E}$ は，すべての要素が 1 の大きさ $n \times n$ の行列である．(5.10) は (5.9) の緩和問題になっている．$\boldsymbol{X} = \boldsymbol{x}\boldsymbol{x}^\top$ なので $\boldsymbol{X} \succeq \boldsymbol{O}$ かつ $\mathrm{rank}(\boldsymbol{X}) = 1$ でなければならないが，(5.10) では $\mathrm{rank}(\boldsymbol{X}) = 1$ の条件を緩和していることになる．詳しくは文献 67) を参照のこと．

定式化の説明が終わったので図 5.1 の GPP の SDP 緩和問題を解いてみよう．ソフトウェアは SDPA（SDPA–GMP）[*3] を用いる．

```
SDPA-GMP start at Wed Mar  7 00:22:50 2007
data      is ./u1000.05.dat-s
parameter is ./param. sdpa
out       is out.u1000.05
   mu       thetaP  thetaD  objP       objD       alphaP  alphaD  beta
 0 1.0e+04 1.0e+00 1.0e+00 +0.00e+00 -1.19e+05 1.0e+00 9.5e-01 2.00e-01
 1 8.2e+02 2.7e-80 5.0e-02 +1.37e+05 -7.17e+03 9.5e-01 9.5e-01 2.00e-01
 2 1.8e+02 1.3e-79 2.5e-03 +1.44e+05 -1.49e+03 1.3e+00 9.5e-01 2.00e-01
 3 9.3e+00 1.3e-79 1.3e-04 +7.97e+03 -1.21e+03 9.5e-01 9.5e-01 2.00e-01
中略
47 6.6e-24 2.9e-78 4.6e-43 -1.20e-01 -1.20e-01 5.6e-01 5.8e-01 1.00e-01

phase. value = pdOPT
   Iteration = 47
          mu = 6.6069885618749844e-24
relative gap = 6.5849940185822110e-21
         gap = 6.6069885618749844e-21
      digits = 1.9259102775178427e+01
objValPrimal = -1.1957989287e-01       <-- 主問題の目的関数値
objValDual   = -1.1957989287e-01       <-- 双対問題の目的関数値
p. feas. error = 2.8917634547e-76
```

*3) http://homepage.mac.com/klabtitech/sdpa-homepage/index.html

```
d. feas. error = 4.5890565996e-38
relative eps = 8.6361685551e-78
total time   = 211923.540
```

この場合ではソフトウェアの都合上，目的関数の係数をすべて逆にして最大化問題として解いているが，本質的には同じである．計算結果から以下のことがわかる．

$$0.11957989287 = \text{SDP 緩和問題の最適目的関数値} \tag{5.11}$$

SDP 緩和問題の最適目的関数値は GPP の最適目的関数値の下界を与えるが，GPP の目的関数値は問題の定義より整数値に限定されるので，最適値は 1 以上ということになる．ただし最適解を求めるためには優れた上界（upper bound）を求めて，下界と上界で両方から挟む必要がある．上界を求めるために，ここでは有名なメタヒューリスティックスであるタブー探索法[44, 98]を使用してみよう．

図 5.3 は，タブー探索法で求められた解である．小さい黒丸と大きい黒丸でちょうど 500 点ずつに分かれている．この場合の目的関数値，つまり両端点が

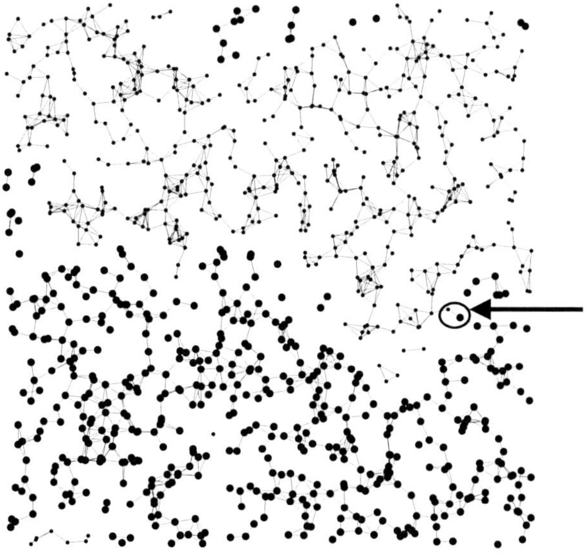

図 **5.3** グラフ分割問題の最適解 (点数 1,000)

小さい黒丸と大きい黒丸である枝の本数は 1 である．よって以下の関係から図 5.3 は最適解（の 1 つ）であると判断することができる．

下界（SDP 緩和）$= 1 \leq$ 最適値 $\leq$ 上界（タブー探索法）$= 1$

もちろんいつもこのように最適解が求まるとは限らないが，SDP 緩和問題を有効に利用できる場合は多い．

● 5.5 ● システムと制御分野への半正定値計画問題の応用 ●

半正定値計画問題（SDP）を用いることによって対称行列の固有値を含んだ条件を記述することができる．この特徴を活かして，システムや制御分野の多くの最適化問題に対しても SDP を活用することができる．詳しくは文献 157) などを参照のこと．

ここでは最も基本的な線形微分方程式の初期値問題について考えてみよう．

$$\frac{dx(t)}{dt} = cx(t),\ x(0) = x^0$$

$c \in \mathbb{R}$, $x \in \mathbb{R}$ である．解 $x(t)$, $t \geq 0$ が漸近的に安定とは，任意の初期解 x^0 に対して $t \to \infty$ のときに $x(t) \to 0$ となることである．この場合 $x(t) = e^{ct}$ であるので，

$$\begin{cases} c < 0 \text{ ならば } t \to \infty \text{ のときに } x(t) \to 0 \\ c = 0 \text{ ならば } t \to \infty \text{ のときに } x(t) \to 1 \\ c > 0 \text{ ならば } t \to \infty \text{ のときに } x(t) \to \infty \end{cases}$$

よって $c < 0$ のときに漸近安定である．次に対称行列 $\boldsymbol{C} \in \mathcal{S}^n$ で考えてみよう．ただし $\boldsymbol{x}, \boldsymbol{u} \in \mathbb{R}^n$ である．

$$\frac{d\boldsymbol{x}(t)}{dt} = \boldsymbol{C}\boldsymbol{x}(t),\ \boldsymbol{x}(0) = \boldsymbol{x}^0$$

$\boldsymbol{C}$ は対称行列なので $\boldsymbol{C} = \boldsymbol{P}^\top \boldsymbol{D}\boldsymbol{P}$ と固有値分解することができる．このとき $\boldsymbol{D} = \mathrm{diag}(\boldsymbol{d})$ は対角行列であって $\boldsymbol{d}$ が $\boldsymbol{C}$ の固有値になっている．ここで $\boldsymbol{u}(t) = \boldsymbol{P}\boldsymbol{x}(t)$ とすると，

$$\frac{d\boldsymbol{u}(t)}{dt} = \boldsymbol{D}\boldsymbol{u}(t) \Rightarrow \frac{du_i(t)}{dt} = d_i u_i(t) \Rightarrow u_i(t) = e^{d_i t}$$

であるので，

$$\begin{cases} d_i < 0 \text{ ならば } t \to \infty \text{ のときに } u_i(t) \to 0 \\ d_i = 0 \text{ ならば } t \to \infty \text{ のときに } u_i(t) \to 1 \\ d_i > 0 \text{ ならば } t \to \infty \text{ のときに } u_i(t) \to \infty \end{cases}$$

である．よって漸近安定のためにはすべての固有値が負である必要があるが，SDP を用いることによって行列の固有値の符号判定を行うことができる．行列が 1 つでもいいのだが，以下のように行列の線形結合で表される行列 $\boldsymbol{F}(x)$ の固有値判定を考えてみよう．

$$\boldsymbol{F}(x) = \sum_{i=1}^{m} \boldsymbol{F}_i x_i$$

$\boldsymbol{F}(x)$ の固有値がすべて負であるためには，以下の SDP を解いて最適値 t が $t < 0$ ならばよい．

$$\begin{array}{ll} \text{最小化} & t \\ \text{制約条件} & t\boldsymbol{I} - \boldsymbol{F}(x) \succeq \boldsymbol{O} \end{array} \tag{5.12}$$

● 5.6 ●　ロバスト最適化問題　●

実社会において数理モデルを作成して最適化を行うときに直面する問題の 1 つは，例えばサンプリングしたデータには不確実なことが多く，データをとった時間などの条件によって大きく値が変動することである．今まで見てきた数理計画問題では，あらかじめ数値データが定数として決定できることを仮定していた．しかし，実際には数値データの変動範囲やある値をとる確率などの不確実な情報しか得られないことも多い．不確実なデータしか得られない状況下では様々な状況を考慮して最適化問題を構築，求解することが重要である．そこで，不確実性の下での最適化手法としてロバスト最適化が近年注目を集めている[120, 142]．

最初に次のような LP を考えてみよう．今まで考えてきた数理計画問題では，$(\boldsymbol{A}, \boldsymbol{c}, \boldsymbol{b})$ などのデータは問題を解く前に確定することができると仮定している．しかし数理計画問題とは実社会の問題に対する数理的なモデルであるので，実際には不確実な部分を含んだり誤差を伴ったりする場合が多く，データの推定値や誤差を含んだ形での値のとりうる範囲くらいしかわからない場合も多い．

$$\begin{aligned} &\text{最小化} \quad \boldsymbol{c}^\top \boldsymbol{x} \\ &\text{制約条件} \quad \boldsymbol{A}\boldsymbol{x} = \boldsymbol{b},\ \boldsymbol{A} \in \mathbb{R}^{m\times n},\ \boldsymbol{c} \in \mathbb{R}^n,\ \boldsymbol{x} \in \mathbb{R}^n,\ \boldsymbol{b} \in \mathbb{R}^m \end{aligned} \tag{5.13}$$

そこで $(\boldsymbol{A}, \boldsymbol{c}, \boldsymbol{b})$ がある範囲で変動するときの最悪の目的関数値を最小化してみよう．これがロバスト最適化の基本概念である．まず $(\boldsymbol{A}, \boldsymbol{c}, \boldsymbol{b})$ が次のような集合 $\boldsymbol{K}$ の範囲内で様々な値を変動するものとしよう．

$$\begin{pmatrix} \boldsymbol{A} & \boldsymbol{b} \\ \boldsymbol{c}^\top & \boldsymbol{0} \end{pmatrix} \in \boldsymbol{K} \subset \mathbb{R}^{(m+1)\times(n+1)} \tag{5.14}$$

このとき領域 $\boldsymbol{K}$ を用いることによって以下のような最適化問題として定式化することができる（ロバスト LP と呼ばれている）．

$$\begin{aligned} &\text{最小化} \quad \boldsymbol{c}^\top \boldsymbol{x} \\ &\text{制約条件} \quad \boldsymbol{A}\boldsymbol{x} = \boldsymbol{b}, \quad \forall(\boldsymbol{A}, \boldsymbol{b}, \boldsymbol{c}) \in \boldsymbol{K} \end{aligned} \tag{5.15}$$

図 5.4 はロバスト最適化の概念図である．ある範囲の中で制約領域が変動しているが，結局目的関数にとって最も厳しい場合の制約領域 ($\min_{(\boldsymbol{A},\boldsymbol{b},\boldsymbol{c})\in\boldsymbol{K}} \boldsymbol{A}\boldsymbol{x} = \boldsymbol{b}$) の下で目的関数を最適化することと同じなので，最悪の場合を想定して最適化を行う方法であるともいえる．

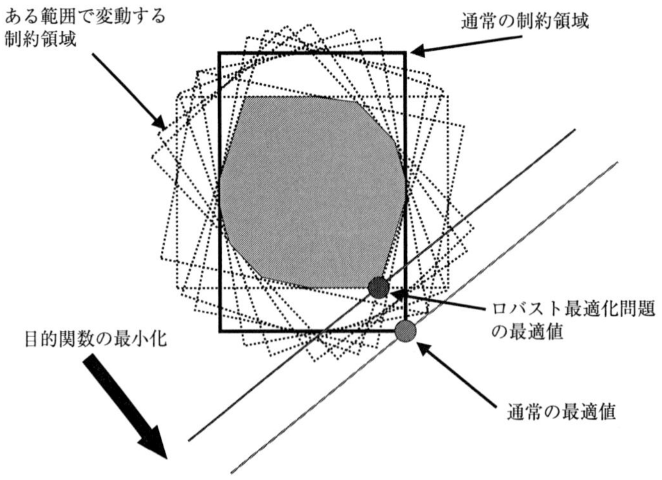

図 5.4　ロバスト最適化の概念図

また不確実なデータを確率的な事象とみなし，制約式を満たす確率や目的関数値の期待値を導入して確率計画問題として最適化を行う方法もある．

$$\begin{array}{ll} \text{最小化} & \boldsymbol{c}^\top \boldsymbol{x} \\ \text{制約条件} & \mathrm{Prob}(\boldsymbol{a}_i^\top \boldsymbol{x} \le b_i) \ge \eta, \quad i = 1, 2, \ldots, m \end{array} \tag{5.16}$$

例えば $\boldsymbol{a}_i$ が独立かつ同一の分布（i.i.d.）から生じているとしよう．もし $\eta = 50\%$ ならば，(5.16) のロバスト LP は次の LP に帰着することができるので，簡単に解くことができる．ここで $\bar{\boldsymbol{a}}_i$ は $\boldsymbol{a}_i$ の期待値である．

$$\begin{array}{ll} \text{最小化} & \boldsymbol{c}^\top \boldsymbol{x} \\ \text{制約条件} & \bar{\boldsymbol{a}}_i{}^\top \boldsymbol{x} \le b_i, \quad i = 1, 2, \ldots, m \end{array} \tag{5.17}$$

一般的には η が 50% よりも小さくなると制約領域が凸でなくなるので，解くのが大変難しくなるが，反対に 50% よりも大きくなると制約領域が凸になるので解くのが容易になることが知られている．

次に様々な種類のロバスト最適化問題を見ていくことにしよう．ここで $\boldsymbol{A}$ の各行を $\boldsymbol{a}_i (i = 1, 2, \ldots, m)$ として，各 $\boldsymbol{a}_i$ が次のような楕円体の内部に存在するとしよう．

$$\epsilon = \{\boldsymbol{a}_i | \boldsymbol{a}_i = \boldsymbol{a}_i' + \boldsymbol{P}_i \boldsymbol{u}, \|\boldsymbol{u}\| \le 1\} \tag{5.18}$$

このときロバスト LP は以下のような SOCP として定式化することができる．

$$\begin{array}{ll} \text{最小化} & \boldsymbol{c}^\top \boldsymbol{x} \\ \text{制約条件} & \boldsymbol{a}_i^\top \boldsymbol{x} + \|\boldsymbol{P}_i \boldsymbol{x}\| = b_i, \quad i = 1, 2, \ldots, m \end{array} \tag{5.19}$$

次にロバスト最短路問題を考えてみよう[174)]．最短路問題とはグラフ $G = (V, A)$，2 点間の距離 $c_{ij} \in \mathbb{R}$: 枝 $(i, j) \in A$，さらに始点 $s \in V$ と終点 $t \in V$ が与えられたときに s から t までの最短路を求める問題である．最短路問題は変数 x_{ij} を導入して以下のように定式化することができる．

$$\begin{array}{ll} \text{最小化} & \sum_{(i,j) \in A} c_{ij} x_{ij} \\ \text{制約条件} & \sum_{j \in V} x_{ij} - \sum_{k \in V} x_{ki} = \begin{cases} 1, & i = s \\ -1, & i = t \\ 0, & \text{それ以外} \end{cases} \\ & x_{ij} \in \{0, 1\} \quad (i, j) \in A \end{array} \tag{5.20}$$

ここでシナリオという概念を導入してみよう．通常の最短路問題であれば常

に枝の長さ c_{ij} は一定であるが，ロバスト最短路問題においては複数のシナリオ（$r \in S$: r がシナリオ，S がシナリオの集合）が存在して，シナリオによって枝の長さが変化すると考える（つまり c_{ij}^r である）．このときロバスト最短路問題の目的関数を次のように考えることにしよう（制約条件は (5.20) と同じである）．

1) ARSP（absolute robust shortest path problem）：すべてのシナリオに対して，s から t へのすべての経路の最大値が最小になるように $\boldsymbol{x}$ を求める．

$$\min_{\boldsymbol{x}} \max_{r \in S} \left\{ \sum_{(i,j) \in A} c_{ij}^r x_{ij} \right\} \tag{5.21}$$

2) RDSP（robust deviation shortest path problem）：すべてのシナリオに対して，s から t へのすべての経路と最短路との偏差の最大値が最小になるように $\boldsymbol{x}$ を決定する．シナリオ r における最適解を $\boldsymbol{x}^{r*}$ とする．

$$\min_{\boldsymbol{x}} \max_{r \in S} \left\{ \sum_{(i,j) \in A} c_{ij}^r x_{ij} - \sum_{(i,j) \in A} c_{ij}^r x_{ij}^{r*} \right\} \tag{5.22}$$

いずれの場合も最悪の場合の値（ARSP では経路の長さの最大値，RDSP では最短路とすべての経路との偏差）を最小化する方法である．

最後に他のロバスト数理計画問題の例をいくつか紹介しよう[16]．回帰曲線（直線）を求めるための有名な手法として**最小 2 乗法**（least squares ; LS）がある．$\boldsymbol{A} \in \mathbb{R}^{m \times n}$，$\boldsymbol{b} \in \mathbb{R}^m$，$\boldsymbol{x} \in \mathbb{R}^n$ とすると LS は以下のような制約なし非線形最適化問題として定義することができる．

$$\text{最小化} \quad \|\boldsymbol{Ax} - \boldsymbol{b}\|^2 = (\boldsymbol{Ax} - \boldsymbol{b})^\top (\boldsymbol{Ax} - \boldsymbol{b}) \tag{5.23}$$

LS は比較的簡単な問題であり，理論的な研究や大域的最適解を求めるための様々なアルゴリズムが提案されている．(5.23) の解 $\boldsymbol{x}$ は以下の線形方程式を解くことによって得られるので，

$$(\boldsymbol{A}^\top \boldsymbol{A})\boldsymbol{x} = \boldsymbol{A}^\top \boldsymbol{b} \tag{5.24}$$

となり，結局 $\boldsymbol{x} = (\boldsymbol{A}^\top \boldsymbol{A})^{-1} \boldsymbol{A}^\top \boldsymbol{b}$ を計算すればよいことがわかる．しかしこれは解析的な解であり，実際には $(\boldsymbol{A}^\top \boldsymbol{A})$ の逆行列を求めることは数値的安定

性の面から望ましくないので，LU 分解などのアルゴリズムを用いて線形方程式を解くことになる．行列 $\boldsymbol{A}$ が密な場合でも $n = 1,000$，$m = 10,000$ ぐらいの大きさならばそれほど困難なく解けることが知られている．また行列 $\boldsymbol{A}$ が疎な場合にはさらに大きな問題を解くことが可能である．

1) 確率的ロバスト LS : 確率的ロバスト LS として以下のような問題が提案されている．行列 $\boldsymbol{A}$ が確率的に変動して $\boldsymbol{A} = \bar{\boldsymbol{A}} + \boldsymbol{U}$ と定義されるとしよう．なお $\bar{\boldsymbol{A}}$ は $\boldsymbol{A}$ の予想値であり $\boldsymbol{U}$ は予想値からの変動の幅を表していて $\mathbf{E}\boldsymbol{U} = 0$ となる行列である（$\mathbf{E}$ は期待値を示している）．また行列 $\boldsymbol{P}$ を用いて $\mathbf{E}(\boldsymbol{U}^\top \boldsymbol{U}) = \boldsymbol{P}$ とおくことにしよう．このとき確率的ロバスト LS は以下のように定義される．

$$\text{最小化} \quad \mathbf{E}\|(\bar{\boldsymbol{A}} + \boldsymbol{U})\boldsymbol{x} - \boldsymbol{b}\|^2 \tag{5.25}$$

次に目的関数を展開してみよう．

$$\begin{aligned}\mathbf{E}\|\boldsymbol{A}\boldsymbol{x} - \boldsymbol{b}\|^2 &= \mathbf{E}\|\bar{\boldsymbol{A}}\boldsymbol{x} - \boldsymbol{b} + \boldsymbol{U}\boldsymbol{x}\|^2 \\ &= \|\bar{\boldsymbol{A}}\boldsymbol{x} - \boldsymbol{b}\|^2 + \mathbf{E}\boldsymbol{x}^\top \boldsymbol{U}^\top \boldsymbol{U}\boldsymbol{x} \\ &= \|\bar{\boldsymbol{A}}\boldsymbol{x} - \boldsymbol{b}\|^2 + \boldsymbol{x}^\top \boldsymbol{P}\boldsymbol{x} \\ &= \|\bar{\boldsymbol{A}}\boldsymbol{x} - \boldsymbol{b}\|^2 + \|\boldsymbol{P}^{1/2}\boldsymbol{x}\|^2\end{aligned} \tag{5.26}$$

よって以下のように確率的ロバスト LS も LS になる．

$$\text{最小化} \quad \|\bar{\boldsymbol{A}}\boldsymbol{x} - \boldsymbol{b}\|^2 + \|\boldsymbol{P}^{1/2}\boldsymbol{x}\|^2 \tag{5.27}$$

ここで $\boldsymbol{P} = \delta \boldsymbol{I}$ とすると以下のように書き換えることができる．

$$\text{最小化} \quad \|\bar{\boldsymbol{A}}\boldsymbol{x} - \boldsymbol{b}\|^2 + \delta\|\boldsymbol{x}\|^2 \tag{5.28}$$

先程述べたように，結局この問題も LS であるので，最適解は $\boldsymbol{x} = (\bar{\boldsymbol{A}}^\top \bar{\boldsymbol{A}} + \delta \boldsymbol{I})^{-1} \bar{\boldsymbol{A}}^\top \boldsymbol{b}$ となる

2) 最悪値ロバスト LS : 行列 $\boldsymbol{A}$ が $\boldsymbol{A} \in \mathcal{A} \subseteq \mathbb{R}^{m \times n}$ のように $\mathcal{A}$ の範囲の中を変動すると仮定する．ただし $\boldsymbol{A}$ は空でなく，かつ有界であるとする．このとき最悪の場合の残差（worst-case error）は以下のように定義される．

$$e_{wc}(\boldsymbol{x}) = \sup_{\boldsymbol{A} \in \mathcal{A}} \|\boldsymbol{A}\boldsymbol{x} - \boldsymbol{b}\| \tag{5.29}$$

よって最悪の場合の残差を最小化する最適化問題は以下のようになる[16)]．

$$\text{最小化}\quad e_{wc}(\boldsymbol{x}) = \sup_{\boldsymbol{A}\in\mathcal{A}} \|\boldsymbol{A}\boldsymbol{x} - \boldsymbol{b}\| \tag{5.30}$$

一般には超楕円体など様々な $\mathcal{A}$ を想定することができるが，ここでは同次な行列のアフィン結合を用いて $\mathcal{A} = \{\bar{\boldsymbol{A}} + \boldsymbol{U}\} = \{\bar{\boldsymbol{A}} + u_1\boldsymbol{A}_1 + u_2\boldsymbol{A}_2 + \cdots + u_p\boldsymbol{A}_p\}$ としよう．はじめの例として以下の**ロバストチェビシェフ近似問題** (robust Chebyshev approximation problem) を考えてみよう．

$$\begin{aligned}\text{最小化}\quad e_{wc}(\boldsymbol{x}) &= \sup\nolimits_{\|\boldsymbol{u}\|_\infty \le 1} \|\boldsymbol{A}\boldsymbol{x} - \boldsymbol{b}\|_\infty \\ &= \sup\nolimits_{\|\boldsymbol{u}\|_\infty \le 1} \|\boldsymbol{P}(\boldsymbol{x})\boldsymbol{u} + \boldsymbol{q}(\boldsymbol{x})\|_\infty\end{aligned} \tag{5.31}$$

ただし $\boldsymbol{P}(\boldsymbol{x}) = [\boldsymbol{A}_1\boldsymbol{x}\ \boldsymbol{A}_2\boldsymbol{x}\ \cdots\ \boldsymbol{A}_p\boldsymbol{x}]$，$\boldsymbol{q}(\boldsymbol{x}) = \bar{\boldsymbol{A}}\boldsymbol{x} - \boldsymbol{b}$ である．ここで $p_i(\boldsymbol{x})$ を行列 $\boldsymbol{P}(\boldsymbol{x})$ の i 番目の行とすると，

$$\begin{aligned}e_{wc}(\boldsymbol{x}) &= \sup_{\|\boldsymbol{u}\|_\infty \le 1} \|\boldsymbol{P}(\boldsymbol{x})\boldsymbol{u} + \boldsymbol{q}(\boldsymbol{x})\|_\infty \\ &= \max_{i=1,\ldots,m} \sup_{\|\boldsymbol{u}\|_\infty \le 1} |p_i(\boldsymbol{x})^\top \boldsymbol{u} + q_i(\boldsymbol{x})| \\ &= \max_{i=1,\ldots,m} (\|p_i(\boldsymbol{x})\|_1 + |q_i(\boldsymbol{x})|)\end{aligned} \tag{5.32}$$

よってロバストチェビシェフ近似問題は以下のような LP として定式化することができる．

$$\begin{aligned}&\text{最小化} && t \\ &\text{制約条件} && -\boldsymbol{y}_0 \le \bar{\boldsymbol{A}}\boldsymbol{x} - \boldsymbol{b} \le \boldsymbol{y}_0 \\ &&& -\boldsymbol{y}_k \le \boldsymbol{A}_k\boldsymbol{x} \le \boldsymbol{y}_k,\quad k = 1, 2, \ldots, p \\ &&& \boldsymbol{y}_0 + \textstyle\sum_{k=1}^p \boldsymbol{y}_k \le t\boldsymbol{1}\end{aligned} \tag{5.33}$$

ただし $\boldsymbol{x} \in \mathbb{R}^n$，$\boldsymbol{y}_k \in \mathbb{R}^m$，$t \in \mathbb{R}$ である．

次に以下のようなロバスト LS を考えてみよう[59)]．

$$\text{最小化}\quad e_{wc}(\boldsymbol{x}) = \sup\nolimits_{\boldsymbol{A}\in\mathcal{A}} \|\boldsymbol{A}\boldsymbol{x} - \boldsymbol{b}\|^2 = \sup\nolimits_{\|\boldsymbol{u}\|\le 1} \|\boldsymbol{P}(\boldsymbol{x})\boldsymbol{u} + \boldsymbol{q}(\boldsymbol{x})\|^2 \tag{5.34}$$

このとき $e_{wc}(\boldsymbol{x})$ は以下のような非凸 2 次最適化問題の最適目的関数値になる．

$$\begin{aligned}&\text{最大化} && \|\boldsymbol{P}(\boldsymbol{x})\boldsymbol{u} + \boldsymbol{q}(\boldsymbol{x})\|^2 \\ &\text{制約条件} && \|\boldsymbol{u}\|^2 \le 1\end{aligned} \tag{5.35}$$

次に目的関数を展開すると以下のようになる．

$$\|\boldsymbol{P}(\boldsymbol{x})\boldsymbol{u}+\boldsymbol{q}(\boldsymbol{x})\|^2 = (\boldsymbol{P}(\boldsymbol{x})\boldsymbol{u}+\boldsymbol{q}(\boldsymbol{x}))^\top(\boldsymbol{P}(\boldsymbol{x})\boldsymbol{u}+\boldsymbol{q}(\boldsymbol{x}))$$
$$= \boldsymbol{u}^\top\boldsymbol{P}(\boldsymbol{x})^\top\boldsymbol{P}(\boldsymbol{x})\boldsymbol{u}+2\boldsymbol{q}(\boldsymbol{x})^\top\boldsymbol{P}(\boldsymbol{x})\boldsymbol{u} + \boldsymbol{q}(\boldsymbol{x})^\top\boldsymbol{q}(\boldsymbol{x}) \quad (5.36)$$

ラグランジュ乗数を λ とすると，ラグランジュ関数 $L(\boldsymbol{x},\lambda)$ は次のように計算することができる．

$$L(\boldsymbol{x},\lambda) = \boldsymbol{u}^\top(\boldsymbol{P}(\boldsymbol{x})^\top\boldsymbol{P}(\boldsymbol{x})-\lambda\boldsymbol{I})\boldsymbol{u}+2\boldsymbol{q}(\boldsymbol{x})^\top\boldsymbol{P}(\boldsymbol{x})\boldsymbol{u} + \boldsymbol{q}(\boldsymbol{x})^\top\boldsymbol{q}(\boldsymbol{x})+\lambda \quad (5.37)$$

$L(\boldsymbol{x},\lambda)$ を最小化する問題は変数 t を導入して以下のように定義することができる．

$$\begin{array}{ll} \text{最小化} & t \\ \text{制約条件} & t-L(\boldsymbol{x},\lambda)\geq 0 \end{array} \quad (5.38)$$

次に (5.38) の制約条件を以下のように変形する．

$$\begin{pmatrix} \lambda\boldsymbol{I}-\boldsymbol{P}(\boldsymbol{x})^\top\boldsymbol{P}(\boldsymbol{x}) & -\boldsymbol{P}(\boldsymbol{x})^\top\boldsymbol{q}(\boldsymbol{x}) \\ -\boldsymbol{q}(\boldsymbol{x})^\top\boldsymbol{P}(\boldsymbol{x}) & (t-\lambda)-\boldsymbol{q}(\boldsymbol{x})^\top\boldsymbol{q}(\boldsymbol{x}) \end{pmatrix} \succeq \boldsymbol{O}$$
$$= \begin{pmatrix} \lambda\boldsymbol{I} & \boldsymbol{0} \\ \boldsymbol{0}^\top & t-\lambda \end{pmatrix} - \begin{pmatrix} \boldsymbol{P}(\boldsymbol{x})^\top\boldsymbol{P}(\boldsymbol{x}) & \boldsymbol{P}(\boldsymbol{x})^\top\boldsymbol{q}(\boldsymbol{x}) \\ \boldsymbol{q}(\boldsymbol{x})^\top\boldsymbol{P}(\boldsymbol{x}) & \boldsymbol{q}(\boldsymbol{x})^\top\boldsymbol{q}(\boldsymbol{x}) \end{pmatrix} \succeq \boldsymbol{O}$$
$$= \begin{pmatrix} \lambda\boldsymbol{I} & \boldsymbol{0} \\ \boldsymbol{0}^\top & t-\lambda \end{pmatrix} - \begin{pmatrix} \boldsymbol{P}(\boldsymbol{x})^\top \\ \boldsymbol{q}(\boldsymbol{x})^\top \end{pmatrix} \begin{pmatrix} \boldsymbol{P}(\boldsymbol{x}) & \boldsymbol{q}(\boldsymbol{x}) \end{pmatrix} \succeq \boldsymbol{O} \quad (5.39)$$

ここで $\boldsymbol{A}=\boldsymbol{I}$，$\boldsymbol{B}=\begin{pmatrix} \boldsymbol{P}(\boldsymbol{x}) & \boldsymbol{q}(\boldsymbol{x}) \end{pmatrix}$，$\boldsymbol{C}=\begin{pmatrix} \lambda I & \boldsymbol{0} \\ \boldsymbol{0} & t-\lambda \end{pmatrix}$ とすると，$\boldsymbol{A}\succ\boldsymbol{O}$，$\boldsymbol{C}-\boldsymbol{B}^\top\boldsymbol{A}^{-1}\boldsymbol{B}\succeq\boldsymbol{O}$ なので，シュアー補行列を用いると以下のような SDP として定式化することができる．

$$\begin{array}{ll} \text{最小化} & t \\ \text{制約条件} & \begin{pmatrix} \boldsymbol{I} & \boldsymbol{P}(\boldsymbol{x}) & \boldsymbol{q}(\boldsymbol{x}) \\ \boldsymbol{P}(\boldsymbol{x})^\top & \lambda\boldsymbol{I} & \boldsymbol{0} \\ \boldsymbol{q}(\boldsymbol{x})^\top & \boldsymbol{0} & t-\lambda \end{pmatrix} \succeq \boldsymbol{O} \end{array} \quad (5.40)$$

● 5.7 ● 多項式最適化問題 ●

非凸最適化問題は多くの応用をもっているが，問題がある程度大きな規模になると大域的最適解を安定して求めることは難しい（局所的最適解ですら求めることが困難な場合もある）．非凸最適化問題に対しては，問題固有の特性を利用しながら個別に様々な工夫を行って問題を解いているのが現状だが，すべてとはいわないまでも非凸最適化問題の中の多く問題を扱う統一的な解法が望まれているのも事実である．例えば非凸 2 次計画問題に対する逐次凸緩和法[85, 140]などが考案されている．最近では非凸最適化問題に対する新解法として**多項式最適化問題**（POP）に対する SDP 緩和が注目されている[87]．そこで，本節では POP について考えてみよう．まず実数多項式 $f_k(\boldsymbol{x}) : \boldsymbol{x} = (x_1, x_2, \ldots, x_n)$ を以下のように定義する．

$$f_k(\boldsymbol{x}) = \sum_{\boldsymbol{\alpha} \in \mathcal{F}_k} c_k(\boldsymbol{\alpha}) \boldsymbol{x}^{\boldsymbol{\alpha}}, \quad k = 0, 1, \ldots, m \tag{5.41}$$

ただし $\boldsymbol{x} \in \mathbb{R}^n$，$c_k(\boldsymbol{\alpha}) \in \mathbb{R}$，$\mathcal{F}_k \subset \mathcal{Z}_+^n$ である（$\mathcal{Z}_+^n$ は自然数全体の集合）．また $\boldsymbol{x}$ と $\boldsymbol{\alpha}$ に関しては次のように定義される．

$$\boldsymbol{x}^{\boldsymbol{\alpha}} = x_1^{\alpha_1} x_2^{\alpha_2} \cdots x_n^{\alpha_n},\ \boldsymbol{x} = (x_1, x_2, \ldots, x_n) \in \mathbb{R}^n,\ \boldsymbol{\alpha} \in \mathcal{Z}_+^n \tag{5.42}$$

このとき POP は以下のように定義される．

$$\begin{array}{ll} \text{最小化} & f_0(\boldsymbol{x}) \\ \text{制約条件} & f_k(\boldsymbol{x}) \geq 0, \quad k = 1, 2, \ldots, \ell \end{array} \tag{5.43}$$

制約条件がなく目的関数だけの場合も多項式最適化問題と呼ばれる．

$$\begin{array}{ll} \text{最小化} & f_0(\boldsymbol{x}) \\ \text{制約条件} & \boldsymbol{x} \in \mathbb{R}^n \end{array} \tag{5.44}$$

例えば以下は 3 つの変数 (x_1, x_2, x_3) をもつ POP である．

$$\begin{array}{ll} \text{最小化} & -2x_1 + 3x_2 - 2x_3 \\ \text{制約条件} & 6x_1^2 + 3x_2^2 - 2x_2x_3 + 3x_3^2 - 17x_1 + 8x_2 - 14x_3 \geq -19, \\ & x_1 + 2x_2 + x_3 \leq 5, \\ & 5x_2 + 3x_3 \leq 7, \\ & 0 \leq x_1 \leq 2,\ 0 \leq x_2 \leq 2,\ 0.5 \leq x_3 \leq 3 \end{array}$$

最適解　$x_1 = 2.589630050872e-01,\ x_2 = 1.260433679787e-09,$
$x_3 = 2.999999995960e+00$
最適値　$-6.517926002094e+00$
(5.45)

このPOPに対してSDP緩和[100]が提案されている．文献100)では(5.43)に対して確率測度を変数とする等価な最適化問題を導入して，この最適化問題に対するSDP緩和を提案している．また**2乗和**（sum of squares ; SOS）多項式を用いた緩和法[125]も提案されており，両緩和法は双対の関係にあることが知られている．2乗和多項式とは以下のように有限個の多項式 $g_j(\boldsymbol{x}),\ j = 1, 2, \ldots, J$ の2乗和で表現される多項式 $f(\boldsymbol{x})$ のことである．

$$f(\boldsymbol{x}) = \sum_{j=1}^{J} g_j(\boldsymbol{x})^2 \tag{5.46}$$

ここで2乗和多項式を要素とする集合を Σ，非負多項式（非負の値をとる多項式）の集合を $\mathcal{P}$ とすると $\Sigma \subsetneq \mathcal{P}$ である．ここで変数 $q \in \mathbb{R}$ を導入すると(5.44)は次の最適化問題と等価になる．この場合では制約式が無限個あるので**半無限計画問題**（semi-infinite program）と呼ばれる．

$$\begin{array}{ll} \text{最大化} & q \\ \text{制約条件} & f_0(\boldsymbol{x}) - q \geq 0, \quad \forall \boldsymbol{x} \in \mathbb{R}^n \end{array} \tag{5.47}$$

このように新たな変数を導入して目的関数を線形化する方法はよく知られている．$f_0(\boldsymbol{x}) - q \geq 0$ は $f_0(\boldsymbol{x}) - q$ が 0 以上，つまり $f_0(\boldsymbol{x}) - q \in \mathcal{P}$ であることを記述していると解釈すれば(5.47)と(5.48)は等価である．

$$\begin{array}{ll} \text{最大化} & q \\ \text{制約条件} & f_0(\boldsymbol{x}) - q \in \mathcal{P} \end{array} \tag{5.48}$$

ここで制約条件を $f_0(\boldsymbol{x}) - q \in \Sigma$ と置き換えると，$\Sigma \subset \mathcal{P}$ かつ $\Sigma \neq \mathcal{P}$ から以下の(5.49)は(5.44)や(5.48)の緩和になっていることがわかる．

$$\begin{array}{ll} \text{最大化} & q \\ \text{制約条件} & f_0(\boldsymbol{x}) - q \in \Sigma \end{array} \tag{5.49}$$

さらに(5.49)と等価なPOPを導くことができるので(5.49)は多項式時間で最適解を求めることが可能である．(5.43)の場合も同様に考えることができる．詳細は文献 87, 125) などを参照のこと．しかし実際には緩和の精度を上げようとすると SDP の規模が組合せ爆発的に大きくなる．そこで 1 回だけ巨大な SDP を解くか，あるいは緩和の精度を低くして SDP のサイズを小さく収まるようにして分枝限定法を併用するなどの構想が提案されている．また文献 88) では**線形行列不等式**（linear matrix inequality ; LMI）や**双線形行列不等式**（bilinear matrix inequality ; BMI）などを含む**多項式行列不等式**（polynomial matrix inequality ; PMI）に対する SDP 緩和法の提案が行われている．

● 5.8 ● サポートベクターマシン ●

データマイニング（data mining）とは，巨大なデータセットから通常では気づかない規則性や特徴を取り出すことを目的にしている．つまり人間による観察や平均，分散といった簡易な統計的手法では得られることができない特徴，ルール，知識などを発見するための研究である．最適化とデータマイニングは密接な関係にあるが，最適化モデルでは特徴量（例えばサポート数や確信度など）を最大化（あるいは最小化）する少数の解を求めるのが目的であるのに対して，データマイニングはある範囲の特徴量をもつ解を多数列挙してルールや知識などを大量に堀り起こすことに主眼がおかれることが多い．データマイニングの手法では，決定木，学習，アソシエーションルールなどが知られているが，数理計画問題と特に関係が深いのが**サポートベクターマシン**（support vector machine ; SVM）である．SVM 関連については文献 2, 31) などを参照のこと．

SVM は 1995 年に Vapnik[159] によって提案された機械学習の手法の 1 つである．機械学習では 1980 年代にニューラルネットワークと多層パーセプトロンの理論などが注目を集めたが，実際には過学習，局所最適解への収束，中間層の構築法などの問題が指摘されている．

ここで学習の数理的な定義をしておこう．データセットが与えられたときに，一般にはデータセットを学習用と検証用に分けて，学習用データを用いて正しいクラスに判別を行うための判断基準などを得る．その後で未知の検証用デー

タをどちらかのクラス（できるだけ正しい方）に分類することが目的になっている．学習用データの集合を

$$S = \{(\boldsymbol{x}_1, y_1), \ldots, (\boldsymbol{x}_\ell, y_\ell)\},\ \boldsymbol{x}_i \in \mathbb{R}^n,\ y_i \in \{-1, 1\} \tag{5.50}$$

とする．個々のデータは n 個の入力成分 $\boldsymbol{x}_i$ とクラスに分類するための指標 y_i からなっている．学習とは入力 $\boldsymbol{x}$ を 2 つのクラスに分類する識別関数 $f : \mathbb{R}^n \to \{-1, 1\}$ $(y = f(\boldsymbol{x}))$ を学習用データから作成して，残りの検証データ $(\boldsymbol{x}', y')$ を正しく推定することである．

SVM ではデータを 2 つのクラスに分類（分離）するために，各データ点との距離が最大となる分離平面（超平面）を求める．学習用データの集合 S が $\mathbb{R}^n$ の超平面 $(\boldsymbol{a} \cdot \boldsymbol{x} + b = 0)$ によって図 5.5 のように $y_i = 1$ のグループと $y_i = -1$ のグループに分離される場合を線形分離可能と呼ぶ．このとき $\boldsymbol{a} \in \mathbb{R}^n$, $b \in \mathbb{R}^1$ となる．ここで識別関数を

$$f(\boldsymbol{x}) = \mathrm{sgn}[(\boldsymbol{a} \cdot \boldsymbol{x}) + b] \tag{5.51}$$

とする（ただし $\mathrm{sgn}[u] = 1;\ u \geq 0,\ \mathrm{sgn}[u] = -1;\ u < 0,\ \boldsymbol{a} \cdot \boldsymbol{x} = a_1 x_1 + a_2 x_2 + \cdots + a_n x_n$）．一般には学習用データを分離できる超平面が複数存在する場合もあれば，1 つも存在しない場合もある．複数存在する場合には図 5.5 のように分離平面が存在する領域のなるべく“真ん中”を通るものを選択する場合が多い．このとき“真ん中”を定義するためにマージンを用いるが，超平面 $(\boldsymbol{a} \cdot \boldsymbol{x} + b = 0)$ に対する $(\boldsymbol{x}_i, y_i)$ のマージンとは以下のように定義される．

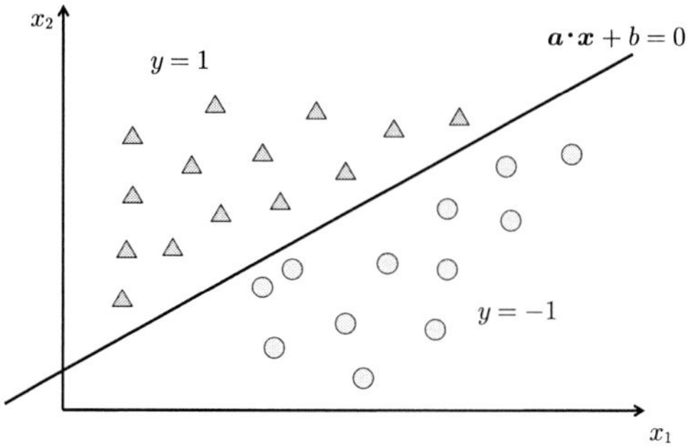

図 5.5 識別関数と線形分離

$$\alpha_i = \frac{|\boldsymbol{a} \cdot \boldsymbol{x}_i + b|}{\|\boldsymbol{a}\|} \tag{5.52}$$

この α_i は $(\boldsymbol{x}_i, y_i)$ と超平面との距離を表しているので，すべての α_i が正ならばこの超平面がデータを線形分離していることになる．そして先程述べたように，“真ん中” を求めるためには以下のようにマージン最小のときの値が最大になるように $(\boldsymbol{a}, b)$ を決定すればよい．

$$\max_{\boldsymbol{a},b} \min_i \frac{|\boldsymbol{a} \cdot \boldsymbol{x}_i + b|}{\|\boldsymbol{a}\|} \tag{5.53}$$

しかしこの関数はやや複雑なので簡略化する方法が用いられている．まず学習用データが線形分離可能であると仮定する．また超平面 $\boldsymbol{a} \cdot \boldsymbol{x} + b$ は定数倍しても不変なので，すべてのデータに対して，$\boldsymbol{a} \cdot \boldsymbol{x}_i + b \geq 1, y_i = 1$ あるいは $\boldsymbol{a} \cdot \boldsymbol{x}_i + b \leq -1$, $y_i = -1$ と仮定することができる（つまり $y_i(\boldsymbol{a} \cdot \boldsymbol{x}_i + b) \geq 1$）．

これらの仮定から超平面を正規化して

$$\min_i |\boldsymbol{a} \cdot \boldsymbol{x}_i + b| = 1 \tag{5.54}$$

とすることができるので，以下のように (5.53) を簡略化することができる．

$$\max_{\boldsymbol{a},b} \min_i \frac{|\boldsymbol{a} \cdot \boldsymbol{x}_i + b|}{\|\boldsymbol{a}\|} = \max_{\boldsymbol{a},b} \frac{1}{\|\boldsymbol{a}\|} \tag{5.55}$$

ただし $1/\|\boldsymbol{a}\|$ を最大化するのは困難なので，代わりに $\|\boldsymbol{a}\|^2$ を最小化する．このときマージン（図 5.6 参照：ハードマージンとも呼ばれる）を最大化するような超平面を求める問題は，以下のような凸 2 次計画問題として定式化する

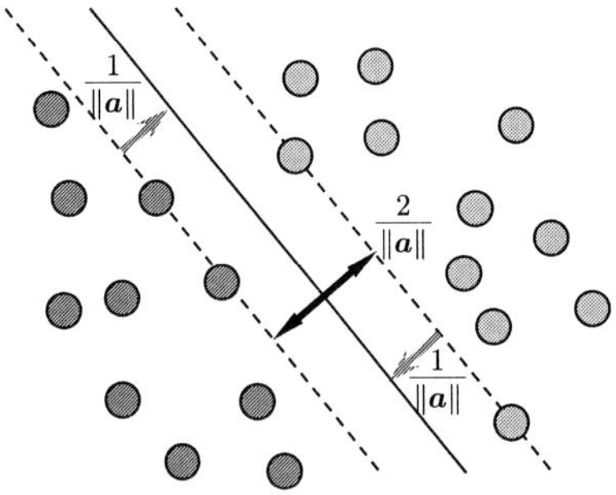

図 5.6 線形分離とマージン

ことができる.

$$
\begin{array}{ll}
\text{最小化} & \dfrac{1}{2}\|\boldsymbol{a}\|^2 \\
\text{制約条件} & y_i(\boldsymbol{a}\cdot\boldsymbol{x}_i+b)\geq 1, \quad i=1,2,\ldots,\ell
\end{array}
\tag{5.56}
$$

線形制約下での凸 2 次関数の最小化問題であるので，局所的最適解 = 大域的最適解となる．そのため比較的簡単に解ける問題であり，商用やフリーウェアの数理計画ソルバによって解くことができる．また双対問題に変換して制約条件を簡略化して解く方法もある．しかし一般には線形分離可能でない場合も多く，事前に線形分離可能かどうかわからない場合も多いので，次に線形分離不可能な場合を考えてみよう．この場合ではスラック変数 ξ_i を導入して以下のように制約条件を緩和する.

$$
y_i(\boldsymbol{a}\cdot\boldsymbol{x}_i+b)\geq 1-\xi_i,\ \xi_i\geq 0, \quad i=1,2,\ldots,\ell \tag{5.57}
$$

ただしスラック変数はなるべく小さくあって欲しいので，通常は目的関数にもスラック変数を導入して何らかの形でペナルティを課す方法が用いられている（ソフトマージン最適化と呼ばれている)．以下はスラック変数の 1 ノルムによるペナルティ関数法である.

$$
\begin{array}{ll}
\text{最小化} & \dfrac{1}{2}\|\boldsymbol{a}\|^2+C\sum_{i=1}^{\ell}\xi_i \\
\text{制約条件} & y_i(\boldsymbol{a}\cdot\boldsymbol{x}_i+b)\geq 1-\xi_i, \quad \xi_i\geq 0, \quad i=1,2,\ldots,\ell
\end{array}
\tag{5.58}
$$

ここで $C>0$ はペナルティのパラメータである.

また以下のようにスラック変数の 2 ノルムによるペナルティ関数法もあるが，この場合では ξ_i の非負条件は省くことが可能である．なぜならば，$\xi_i<0$ ならば $\boldsymbol{x}_i=0$ とした方が目的関数が小さくなりかつ $y_i(\boldsymbol{a}\cdot\boldsymbol{x}_i+b)\geq 1$ の条件も満たされているからである．つまり $\xi_i<0$ となるような最適解が出てくることはない．いずれの場合もラグランジュの未定係数法を用いて双対問題を導き出して解かれることが多い.

$$
\begin{array}{ll}
\text{最小化} & \dfrac{1}{2}\|\boldsymbol{a}\|^2+C\sum_{i=1}^{\ell}\xi_i^2 \\
\text{制約条件} & y_i(\boldsymbol{a}\cdot\boldsymbol{x}_i+b)\geq 1-\xi_i, \quad i=1,2,\ldots,\ell
\end{array}
\tag{5.59}
$$

最後に SVM のマージン最大化とはやや方針は異なるが，数理計画法を用いた別の判別方法が提案されている[105)]．例えば LP を用いた場合では，以下のように超平面を用いてスラック変数の合計値を最小化する（マージン最大化は考慮されていない）．

$$\begin{array}{ll} \text{最小化} & \sum_{i=1}^{\ell} \xi_i \\ \text{制約条件} & y_i(\boldsymbol{a}\cdot\boldsymbol{x}_i + b) \geq 1-\xi_i, \xi_i \geq 0, \quad i=1,2,\ldots,\ell \end{array} \tag{5.60}$$

この方法の利点としてはLPとして定式化できるので，かなり大規模な問題でも解くことができる．しかし超平面より曲面を用いて判別を行った方が複雑なデータに対する判別能力も向上するので，以下のようにSDPを用いた超楕円面による判別方法も考案されている（図 5.7）．

$$\begin{array}{ll} \text{最小化} & \sum_{i=1}^{\ell} \xi_i \\ \text{制約条件} & y_i(\boldsymbol{x}_i^{\top}\boldsymbol{F}\boldsymbol{x}_i + \boldsymbol{a}\cdot\boldsymbol{x}_i + b) \geq 1-\xi_i,\ \xi_i \geq 0, \quad i=1,2,\ldots,\ell \\ & \boldsymbol{F} \succeq \boldsymbol{O} \end{array} \tag{5.61}$$

ただし $\boldsymbol{F} \in \mathcal{S}^n$ である．これはSDPなので内点法を用いて多項式時間で解くことが可能であるが，1回の実行はLPよりも遅いので，LPを用いた切除平面法も考案されている[94]．

また類似の問題には**最小包囲楕円問題**（minimum volume covering ellipsoid problem）があり[16, 66, 137]，計算幾何や統計学などに応用をもっている．最小包囲楕円問題とは $\mathbb{R}^n$ 上の点集合 $\boldsymbol{X} = \{\boldsymbol{x}^1,\ldots,\boldsymbol{x}^m\}$ が与えられたときに，これらをすべてその内側（境界面も含む）に含むような最小体積の楕円（超楕円）を求める問題である．超楕円体には様々な定義方法があるが，ここでは正

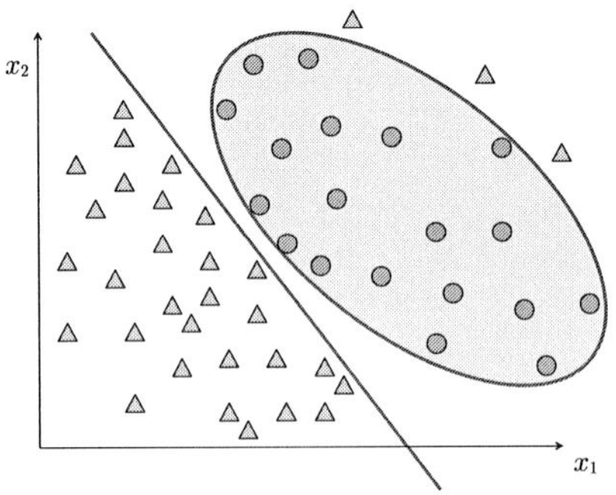

図 5.7　超平面と超楕円体による判別

定値行列 $\boldsymbol{P} \in \mathcal{S}^n$ と $\boldsymbol{r} \in \mathbb{R}^n$ を用いて以下のように超楕円体 $E(\boldsymbol{P}, \boldsymbol{r})$ を表現してみよう．

$$E(\boldsymbol{P}, \boldsymbol{r}) = \{\boldsymbol{x} \in \mathbb{R}^n : \|\boldsymbol{P}\boldsymbol{x} - \boldsymbol{r}\|^2 \leq n\} \tag{5.62}$$

このとき最小包囲楕円問題は以下のような SDP として定式化することができる．

$$\begin{array}{ll} \text{最小化} & -\ln \det[\boldsymbol{P}] \\ \text{制約条件} & \|\boldsymbol{P}\boldsymbol{x}_i - \boldsymbol{r}\|^2 \leq n, \quad i = 1, 2, \ldots, m \\ & \boldsymbol{P} \succ \boldsymbol{O} \end{array} \tag{5.63}$$

ただし $\det[\cdot]$ は行列式を表すものとする．

この制約条件はすべてのデータ $\boldsymbol{X} = \{\boldsymbol{x}^1, \boldsymbol{x}^2, \ldots, \boldsymbol{x}^m\}$ が $E(\boldsymbol{P}, \boldsymbol{r})$ に含まれることを保証するものである．また $E(\boldsymbol{P}, \boldsymbol{r})$ の体積が以下のように計算することができるので，対数関数の単調性を考慮すると目的関数は $E(\boldsymbol{P}, \boldsymbol{r})$ の体積最小化を目的にしていることになる．

$$\frac{(n\pi)^{n/2}}{\Gamma(n/2+1)} \frac{1}{\det[\boldsymbol{P}]} \tag{5.64}$$

ただし $\Gamma(\cdot)$ はガンマ関数である．

● 5.9 ● 双線形行列不等式 ●

双線形行列不等式（BMI）は制御系設計のために用いられる最適化問題の 1 つである．BMI も $\mathcal{NP}$ 困難な問題として知られている[146]．しかし様々な数値実験結果から推測すると，$\mathcal{NP}$ 困難な問題の中でも実際に解きにくい問題に属すると見られている．この種の問題に対する一般的な大域的最適解を求める方法は，凸緩和を用いた分枝限定法（あるいは分枝カット法）であるが，ある程度大きな BMI の大域的最適解を求めるのは大変困難なことが報告されている[1, 43, 51]．最近では多項式最適化からのアプローチも検討されているが[162]，実際には計算手法の工夫や並列計算の適用などが鍵になるだろう．

BMI には様々な定義方法があるが，一般的な定式化は以下のとおりである．$\boldsymbol{F}_{ij} \in \mathcal{S}^n$，$i = 0, 1, \ldots, n_x$，$j = 0, 1, \ldots, n_y$ が与えられたときに変数 $\boldsymbol{x}, \boldsymbol{y} \in \mathbb{R}^n$ に対する双線形行列関数 $\boldsymbol{F}(\boldsymbol{x}, \boldsymbol{y})$ を以下のように定義する．

$$\boldsymbol{F}(\boldsymbol{x},\boldsymbol{y}) = \boldsymbol{F}_{00} + \sum_{i=1}^{n_x} x_i \boldsymbol{F}_{i0} + \sum_{j=1}^{n_y} y_j \boldsymbol{F}_{0j} + \sum_{i=1}^{n_x}\sum_{j=1}^{n_y} x_i y_j \boldsymbol{F}_{ij} \tag{5.65}$$

ただし $\boldsymbol{x} = (x_1, x_2, \ldots, x_{n_x})^\top, \boldsymbol{y} = (y_1, y_2, \ldots, y_{n_y})^\top$ である．制御工学の分野では，$\boldsymbol{x}$ と $\boldsymbol{y}$ が有界な超矩形領域 $\boldsymbol{W} \in \mathbb{R}^{n_x+n_y}$ に存在すると仮定して $\boldsymbol{F}(\boldsymbol{x},\boldsymbol{y}) \prec \boldsymbol{O}$ となるような解 $(\boldsymbol{x},\boldsymbol{y})$ を求めるか，あるいは存在を調べることが多い．解の存在を調べる場合には以下のように $\boldsymbol{F}(\boldsymbol{x},\boldsymbol{y})$ の最大固有値 $\bar{\lambda}\{\boldsymbol{F}(\boldsymbol{x},\boldsymbol{y})\}$ を最小化する．もし最小値が 0 未満ならば $\boldsymbol{F}(\boldsymbol{x},\boldsymbol{y}) \prec \boldsymbol{O}$ となるような解 $(\boldsymbol{x},\boldsymbol{y})$ が存在することがわかる．なお $\boldsymbol{F}(\boldsymbol{x},\boldsymbol{y}) \prec \boldsymbol{O}$ とは $\boldsymbol{F}(\boldsymbol{x},\boldsymbol{y})$ が負定値であることを示し，任意の $\boldsymbol{u}(\neq 0) \in \mathbb{R}^n$ に対し $\boldsymbol{u}^\top \boldsymbol{F}(\boldsymbol{x},\boldsymbol{y})\boldsymbol{u} < 0$ である．このことは $\boldsymbol{F}(\boldsymbol{x},\boldsymbol{y})$ の最大固有値が 0 未満であることと同値である．

$$\begin{array}{ll} \text{最小化} & \bar{\lambda}\{\boldsymbol{F}(\boldsymbol{x},\boldsymbol{y})\} \\ \text{制約条件} & (\boldsymbol{x},\boldsymbol{y}) \in \boldsymbol{W} \end{array} \tag{5.66}$$

BMI に対しては，様々な大域的または局所的最適解を求める方法が考案されているので紹介する．LP 緩和と分枝限定法による方法では，双線形な項 $x_i y_j$ を z_{ij} と置き換えて LP 緩和すると，BMI から LMI に変換されて $\boldsymbol{F}'(\boldsymbol{x},\boldsymbol{y},\boldsymbol{z})$ は以下のように定義することができる．

$$\boldsymbol{F}'(\boldsymbol{x},\boldsymbol{y},\boldsymbol{z}) = \boldsymbol{F}_{00} + \sum_{i=1}^{n_x} x_i \boldsymbol{F}_{i0} + \sum_{j=1}^{n_y} y_j \boldsymbol{F}_{0j} + \sum_{i=1}^{n_x}\sum_{j=1}^{n_y} z_{ij} \boldsymbol{F}_{ij} \tag{5.67}$$

$\boldsymbol{F}'(\boldsymbol{x},\boldsymbol{y},\boldsymbol{z}) \prec \boldsymbol{O}$ は LMI なので内点法などで多項式時間で解くことができる．同様に $(\boldsymbol{x},\boldsymbol{y},\boldsymbol{z}) \in \boldsymbol{W}' \subset \mathbb{R}^{n_x+n_y+n_x n_y}$ と $\boldsymbol{W}'$ を定義する．

1) $(\boldsymbol{x},\boldsymbol{y}) \in \boldsymbol{W}$ ならば $(\boldsymbol{x},\boldsymbol{y},\boldsymbol{z}) \in \boldsymbol{W}'$

2) $\boldsymbol{W}$ の体積が 0 に近づくときには $\boldsymbol{W}'$ の体積も 0 に近づく

もし $\boldsymbol{W}'$ が上記の 2 つの条件を満たすならば次の関係が成立することが知られている[62]．

$$\min_{(\boldsymbol{x},\boldsymbol{y},\boldsymbol{z})\in\boldsymbol{W}'} \bar{\lambda}\{\boldsymbol{F}'(\boldsymbol{x},\boldsymbol{y},\boldsymbol{z})\} \leq \min_{(\boldsymbol{x},\boldsymbol{y})\in\boldsymbol{W}} \bar{\lambda}\{\boldsymbol{F}(\boldsymbol{x},\boldsymbol{y})\} \tag{5.68}$$

この場合には LP 緩和によって BMI の下界が求めることができるので，$\boldsymbol{W}$ を分割しながら $\boldsymbol{W}'$ 上で LMI を解いていく分枝限定法によって BMI を解くことができる[51]．

6 集合被覆問題

集合被覆問題（SCP）は乗務員スケジューリング問題や配送計画問題（VRP），施設配置問題，データの論理的解析など多くの現実的な問題を応用にもつ基本的な組合せ最適化問題の 1 つである．一方で SCP は $\mathcal{NP}$ 困難と呼ばれるクラスに属する問題であり，現実的な計算時間で最適解を求めることは困難である[57]．

しかし，近年の計算機性能の向上と数理計画法の進歩によって，線形計画（LP）緩和やラグランジュ緩和を利用した効率よい解法が数多く提案され，現在では，実際の VRP や乗務員スケジューリング問題で生じる大規模な問題例でも，短時間で精度の高い解が得られるようになった．そこで，本章では緩和問題を利用した近似解法を中心に SCP に対するいくつかのアプローチを紹介する．

6.1 問題の定式化と応用例

m 個の要素 $i \in M = \{1, 2, \ldots, m\}$ と，n 個の集合 $S_j (\subseteq M), j \in N = \{1, 2, \ldots, n\}$ が与えられる．ここで, 添字の部分集合 $X (\subseteq N)$ が $\bigcup_{j \in X} S_j = M$ を満たすならば，集合の族 $\{S_j \,|\, j \in X\}$ は M の被覆であるという．さらに，$S_j \cap S_k = \emptyset$, $j, k \in X$, $j \neq k$ が成り立つならば，X で定義される被覆は分割であるという．各集合 S_j, $j \in N$ に対して費用 c_j が与えられたとき，費用の総和が最小となる M の被覆 $X (\subseteq N)$ を求める問題を SCP という．また，費用の総和が最小となる M の分割を求める問題を集合分割問題（SPP）という．

SCP は以下のとおり 0–1 整数計画問題（IP）として定式化できる．

SCP

$$
\begin{array}{lll}
\text{最小化} & z(\boldsymbol{x}) = \sum_{j=1}^{n} c_j x_j & \\
\text{制約条件} & \sum_{j=1}^{n} a_{ij} x_j \geq 1, & i = 1, 2, \ldots, m \\
 & x_j \in \{0, 1\}, & j = 1, 2, \ldots, n
\end{array}
\tag{6.1}
$$

同様に，SPP も以下のとおり 0–1 IP として定式化できる．

SPP

$$
\begin{array}{lll}
\text{最小化} & z(\boldsymbol{x}) = \sum_{j=1}^{n} c_j x_j & \\
\text{制約条件} & \sum_{j=1}^{n} a_{ij} x_j = 1, & i = 1, 2, \ldots, m \\
 & x_j \in \{0, 1\}, & j = 1, 2, \ldots, n
\end{array}
\tag{6.2}
$$

ここで，$i \in S_j$ ならば $a_{ij} = 1$，そうでなければ $a_{ij} = 0$ となる．つまり，行列 $A = (a_{ij})$ の列 $\boldsymbol{a}_j = (a_{1j}, a_{2j}, \ldots, a_{mj})^\top$ は集合 S_j に対応しており，$S_j = \{i \mid a_{ij} = 1, i \in M\}$ と表すこともできる．$\boldsymbol{x} = (x_1, x_2, \ldots, x_n)^\top$ は決定変数であり，集合 S_j が被覆に選ばれる（$j \in X$）ならば $x_j = 1$，そうでなければ $x_j = 0$ の値をとる．

要素数（行数）$m = 4$，集合数（列数）$n = 5$ の問題例とそれに対する実行可能解の例を図 6.1 に示す．図 6.1（左）の問題例を表現する行列は，

$$
A = \begin{pmatrix} 1 & 1 & 0 & 0 & 0 \\ 1 & 0 & 0 & 1 & 1 \\ 0 & 0 & 1 & 1 & 0 \\ 0 & 1 & 1 & 0 & 1 \end{pmatrix}
$$

となる．図 6.1（中）は SCP の最適解（$z(\boldsymbol{x}) = 3$）で $X = \{2, 3, 5\}$ もしくは $\boldsymbol{x} = (0, 1, 1, 0, 1)^\top$ と表される．また，図 6.1（右）は SPP の最適解（$z(\boldsymbol{x}) = 4$）

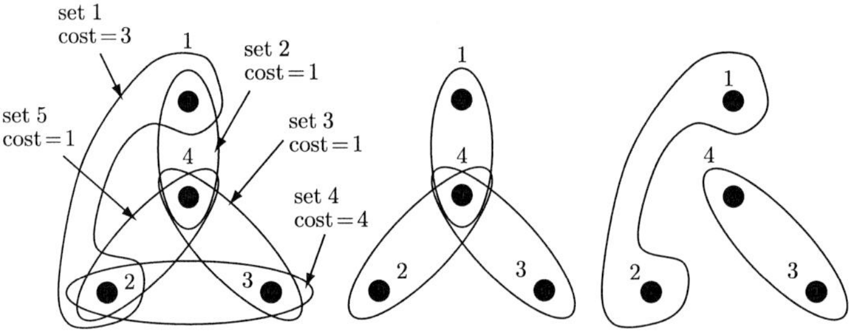

図 6.1　SCP，SPP の例（左）と最適解（中，右）

で $X = \{1, 4\}$ もしくは $\boldsymbol{x} = (1, 0, 0, 1, 0)^\top$ と表される．

乗務員スケジューリング問題，配送計画問題，施設配置問題，工場のライン・バランシング，データの論理的解析，選挙の区割りなど多くの現実的な問題がSCP もしくはSPP として定式化できることが知られている．

乗務員スケジューリング問題（crew scheduling problem）
飛行機，列車，バスなどの交通機関において，すべての便を運行するのに必要な乗務員の勤務スケジュールを作成する問題を考える．1 人の乗務員の1 勤務のスケジュールは，A 地点からB 地点までの便に乗務した後にB 地点からC 地点までの便に乗務し…，という具合に決まる．このとき，連続して乗務する便は同じ地点に発着するものでなければならず，さらに，発着の先行関係を満たす必要がある．また，乗務員の勤務に対しては労働法規や就業規則により，1 日に乗務する便数，1 日の乗務時間，連続する便の時間間隔など多くの厳しい制約がある．便の集合を $M = \{1, 2, \ldots, m\}$，乗務員の1 勤務のスケジュールとして考えられるものをすべて列挙したものを $S_1, S_2, \ldots, S_n$ とする．このとき，最小の乗務員数ですべての便を運行する勤務スケジュールを作成する問題はSCP となる．乗務員スケジューリング問題については，7.1 節も参照のこと．

配送計画問題（vehicle routing problem ; VRP）
コンビニエンスストアなど小売店への配送計画，スクールバスの巡回路決定，郵便や新聞の配達，ゴミの収集など，複数の車両を用いてすべての顧客に荷物を集配送する問題を考える．各車両はデポと呼ばれる特定の地点を出発していくつかの顧客を訪問した後，再びデポに戻る．このとき，1 台の車両が訪問する客の順序をルートと呼ぶ．顧客の集合を $M = \{1, 2, \ldots, m\}$ とする．車両の積載能力，顧客間の移動時間および移動費用，各顧客の需要などを考慮して，1 台の車両で配送できるルートをすべて列挙したものを $S_1, S_2, \ldots, S_n$ とする．このとき，最小の車両数ですべての顧客に荷物を配送する計画を作成する問題はSCP となる．

施設配置問題（facility location problem）
市内に消防署をいくつか配置する問題を考える．消防署を設置する候補地の集合 $N = \{1, 2, \ldots, n\}$ が与えられており，候補地 $j \in N$ に消防署を設置すると費用 c_j がかかるとする．また，市内にある地域の集合 $M = \{1, 2, \ldots, m\}$ が与えられており，各候補地 j から消防車が 10 分以内で到達できる地域の集合を $S_j \subseteq M$ とする．このとき，最小の設置費用でかつ消防車が市内のどの地域へも 10 分以内で到達できるように消防署を配置する問題は SCP となる．施設配置問題については，3.4 節も参照のこと．

6.2 緩和問題

求解困難な組合せ最適化問題に対する効率よいアルゴリズムを設計するには，最適値になるべく近い下界および上界を計算する必要がある．よい下界を求めるための一般的な手法として**緩和法**（relaxation method）がよく知られている．これは，問題の制約条件を緩めて解きやすい問題，いわゆる緩和問題に変換してそれを解くことで元問題に対する有益な情報を得る方法である．最小化問題の場合，緩和問題の最適値は常に元問題の最適値以下となるため，緩和問題を解くことで元問題の下界を得ることができる．

最もよく知られる緩和問題は各変数の整数条件を外して得られる**連続緩和問題**（continuous relaxation problem）であり，特に元問題が**混合整数計画問題**（MIP）の場合には LP 緩和問題という．

SCP では各変数 x_j の整数条件を $0 \leq x_j \leq 1$ に緩和して LP 緩和問題が得られる．SCP の LP 緩和問題では，$x_j \geq 0$ を制約条件としても得られる実行可能基底解は必ず $0 \leq x_j \leq 1$ を満たすことが知られている．以下に SCP に対する LP 緩和問題を示す．

LP 緩和問題

$$
\begin{array}{lll}
\text{最小化} & z_{\mathrm{LP}}(\boldsymbol{x}) = \sum_{j=1}^{n} c_j x_j & \\
\text{制約条件} & \sum_{j=1}^{n} a_{ij} x_j \geq 1, & i = 1, 2, \ldots, m \\
& x_j \geq 0, & j = 1, 2, \ldots, n
\end{array} \tag{6.3}
$$

次によく知られている緩和問題は，一部の制約条件を取り除く代わりに，それらの制約条件に対する違反の度合をペナルティ（罰金）として目的関数に組み込む**ラグランジュ緩和問題**（Lagrangian relaxation problem）である．SCP では各要素 $i \in M$ の被覆条件を緩和して得られる以下のラグランジュ緩和問題がよく用いられる．以下に SCP に対するラグランジュ緩和問題を示す．

ラグランジュ緩和問題

$$
\begin{array}{ll}
\text{最小化} & z_{\mathrm{LR}}(\boldsymbol{u}) = \sum_{j=1}^{n} c_j x_j + \sum_{i=1}^{m} u_i \left(1 - \sum_{j=1}^{n} a_{ij} x_j\right) \\
& \quad = \sum_{j=1}^{n} \tilde{c}_j(\boldsymbol{u}) x_j + \sum_{i=1}^{m} u_i \\
\text{制約条件} & x_j \in \{0, 1\}, \quad j = 1, 2, \ldots, n
\end{array} \tag{6.4}
$$

ここで，$\boldsymbol{u} = (u_1, u_2, \ldots, u_m)$（$u_i$ は非負実数）は緩和された各制約条件（ここでは各要素 $i \in M$ の被覆条件）に対する重み係数であり，**ラグランジュ乗数**（Lagrangian multiplier）と呼ばれる．ラグランジュ乗数 $\boldsymbol{u}$ を固定するとラグランジュ緩和問題が 1 つ定まる．また，$\tilde{c}_j(\boldsymbol{u}) = c_j - \sum_{i=1}^{m} a_{ij} u_i$, $j \in N$ は被約費用と呼ばれ，この値の正負によってラグランジュ緩和問題の最適解 $\tilde{\boldsymbol{x}}(\boldsymbol{u}) = (\tilde{x}_1(\boldsymbol{u}), \tilde{x}_2(\boldsymbol{u}), \ldots, \tilde{x}_n(\boldsymbol{u}))$ は，

$$
\tilde{x}_j(\boldsymbol{u}) = \begin{cases} 1, & \tilde{c}_j(\boldsymbol{u}) < 0 \\ \{0, 1\}, & \tilde{c}_j(\boldsymbol{u}) = 0 \\ 0, & \tilde{c}_j(\boldsymbol{u}) > 0 \end{cases} \tag{6.5}
$$

と簡単に求めることができる．

任意のラグランジュ乗数 $\boldsymbol{u}$ に対して，ラグランジュ緩和問題の目的関数値 $z_{\mathrm{LR}}(\boldsymbol{u})$ は元問題の目的関数値 $z(\boldsymbol{x})$ の下界を与える．最良の下界値を与えるラグランジュ乗数 $\boldsymbol{u}$ を求める以下の問題は**ラグランジュ双対問題**（Lagrangian dual problem）と呼ばれる．

ラグランジュ双対問題

$$\text{最大化} \quad \min_{\boldsymbol{x}\in\{0,1\}^n} \left\{ \sum_{j=1}^{n} c_j x_j + \sum_{i=1}^{m} u_i \left(1 - \sum_{j=1}^{n} a_{ij} x_j\right) \right\} \tag{6.6}$$

$$\text{制約条件} \quad u_i \geq 0, \quad i = 1, 2, \ldots, m$$

SCP に対するラグランジュ緩和問題は，各変数の 0–1 整数条件 $x_j \in \{0,1\}$ を緩和して $0 \leq x_j \leq 1$ に置き換えても最適値が変わらないという性質をもつ (このような性質を**整数性** (integrality property) という)．整数条件を緩和したラグランジュ緩和問題は，元問題の LP 緩和問題に対するラグランジュ緩和問題となっている．次に，以下の LP 緩和問題の双対問題を考える

LP 緩和問題の双対問題

$$\begin{aligned} &\text{最大化} && \sum_{i=1}^{m} u_i \\ &\text{制約条件} && \sum_{i=1}^{m} a_{ij} u_i \leq c_j, \quad j = 1, 2, \ldots, n \\ &&& u_i \geq 0, \qquad\qquad\quad i = 1, 2, \ldots, m \end{aligned} \tag{6.7}$$

ここで，ラグランジュ乗数を $\boldsymbol{x} = (x_1, x_2, \ldots, x_n)^\top$ とするとこの問題のラグランジュ緩和は以下のとおりとなる．

$$\begin{aligned} &\text{最大化} && \sum_{i=1}^{m} u_i - \sum_{j=1}^{n} x_j \left(\sum_{i=1}^{m} a_{ij} u_i - c_j \right) \\ &\text{制約条件} && u_i \geq 0, \quad i = 1, 2, \ldots, m \end{aligned} \tag{6.8}$$

一方で，式 (6.6) のラグランジュ双対問題は以下のとおり書き換えることができる．

$$\begin{aligned} &\text{最大化} && \sum_{i=1}^{m} u_i - \min_{\boldsymbol{x}\in\{0,1\}^n} \left\{ \sum_{j=1}^{n} x_j \left(\sum_{i=1}^{m} a_{ij} u_i - c_j \right) \right\} \\ &\text{制約条件} && u_i \geq 0, \quad i = 1, 2, \ldots, m \end{aligned} \tag{6.9}$$

よって，ラグランジュ双対問題の最適値は LP 緩和問題の双対問題の最適値以上となることがわかる．強双対定理より LP 緩和問題とその双対問題の最適値は一致するため，SCP ではラグランジュ双対問題の最適値と LP 緩和問題の最適値が一致することがわかる (図 6.2)．

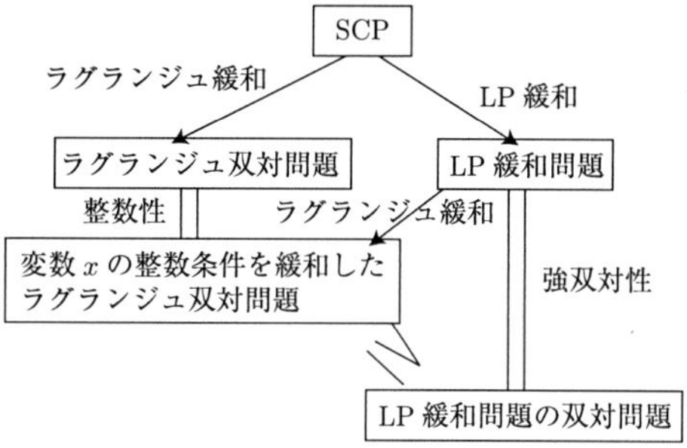

図 **6.2** SCP とその緩和問題の関係

●6.3● 劣勾配法 ●

ラグランジュ双対問題は最大化問題の中に最小化問題が入れ子になっているため，最適解を求めるのは一般に困難である．しかし，SCP におけるラグランジュ双対問題については，以下に述べる**劣勾配法** (subgradient method) を用いて精度のよい近似解を高速に計算できることが知られている．

劣勾配法は以下に定義する劣勾配ベクトル $\boldsymbol{s}(\boldsymbol{u}) = (s_1(\boldsymbol{u}), s_2(\boldsymbol{u}), \ldots, s_m(\boldsymbol{u}))$ (s_i は非負実数) を用いる．

$$s_i(\boldsymbol{u}) = 1 - \sum_{j=1}^{n} a_{ij}\tilde{x}_j(\boldsymbol{u}), \quad i = 1, 2, \ldots, m \tag{6.10}$$

劣勾配法は適当なラグランジュ乗数 $\boldsymbol{u}^{(0)}$ から開始し，以下の更新式に従って，現在のラグランジュ乗数 $\boldsymbol{u}^{(k)}$ から新たなラグランジュ乗数 $\boldsymbol{u}^{(k+1)}$ を生成する手続きを繰り返す解法である．

$$u_i^{(l+1)} = \max\left\{u_i^{(l)} + \lambda \frac{z_{\mathrm{UB}} - z_{\mathrm{LR}}(\boldsymbol{u}^{(l)})}{||\boldsymbol{s}(\boldsymbol{u}^{(l)})||^2} s_i(\boldsymbol{u}^{(l)}),\ 0\right\}, \quad i = 1, 2, \ldots, m \tag{6.11}$$

ここで，z_{UB} は SCP に適当な近似解法を適用して得られる上界値である．また，λ, $0 \leq \lambda \leq 2$ は劣勾配法の各反復におけるステップサイズを決めるパラメータである．

劣勾配法

Step 1：ラグランジュ乗数の初期値 $\boldsymbol{u}^{(0)}$ を設定する．適当な近似解法を用いて上界値 z_{UB} を得る．

Step 2：現在のラグランジュ乗数 $\boldsymbol{u}^{(k)}$ に対してラグランジュ緩和問題 $\mathrm{LR}(\boldsymbol{u}^{(k)})$ を解き，緩和解 $\tilde{\boldsymbol{x}}(\boldsymbol{u}^{(k)})$ および下界値 $z_{\mathrm{LR}}(\boldsymbol{u}^{(k)})$ を求める．$z_{\mathrm{UB}} \le \lceil z_{\mathrm{LR}}(\boldsymbol{u}^{(k)}) \rceil$ ならば（z_{UB} は元問題の最適値なので）終了する．

Step 3：劣勾配ベクトル $\boldsymbol{s}(\boldsymbol{u}^{(k)})$ を計算する．$\boldsymbol{s}(\boldsymbol{u}^{(k)}) = \boldsymbol{0}$ ならば（$\tilde{\boldsymbol{x}}(\boldsymbol{u}^{(k)})$ は元問題の最適解なので）終了する．そうでなければ式 (6.11) に従って新たなラグランジュ乗数 $\boldsymbol{u}^{(k+1)}$ を求める．$k \leftarrow k+1$ として Step 2 へ戻る．

劣勾配法はラグランジュ乗数の初期値 $\boldsymbol{u}^{(0)}$ にあまり敏感ではないが，例えば $u_i^{(0)} = \min\{c_j/|S_j| \mid j \in N_i\}$ といった値が用いられる．ここで，$N_i = \{j \mid a_{ij} = 1, j \in N\}$ である．劣勾配法は必ずしも有限の反復回数で終了するとは限らない．そこで，ステップサイズを決定するパラメータ λ を $\lambda = 2$ からはじめて，連続する 30 回の反復で下界値 $z_{\mathrm{LR}}(\boldsymbol{u}^{(k)})$ が改善されなければ $\lambda \leftarrow 1/2\lambda$ とし，λ が十分に小さく（例えば $\lambda \le 0.005$）になったら終了する．効率よい劣勾配法の実装やその改良については，文献 130, 153) が詳しい．

● 6.4 ● 問題の縮小 ●

SCP では簡単な走査によって問題例の規模を小さくできることがある．以下に代表的な規則を示す．

問題縮小規則

Rule 1：$|N_i| = 0$ となる要素 $i \in M$ があれば実行不可能である．

Rule 2：$|N_i| = 1$ となる要素 $i \in M$ があれば要素 i を被覆する集合 S_j について $x_j \leftarrow 1$ とし，集合 S_j とそれによって被覆されるすべ

ての要素 $k \in S_j$ を削除する．

Rule 3：$N_h \subseteq N_i$ を満たす要素の組 $h, i \in M$ があれば，要素 i を削除する．

Rule 4：$S_j \subseteq \bigcup_{k \in N'} S_k$ かつ $c_j \geq \sum_{k \in N'} c_k$ を満たす集合 S_j および添字集合 $N' \subseteq N \setminus \{j\}$ があれば，$x_j \leftarrow 0$ として集合 S_j を削除する．

これらの規則は問題例が実行不可能と判定されるか，いずれの規則も適用できなくなるまで繰り返し適用される．

Rule 3，4 はそのまま適用すると多くの計算時間を要するため，下記に示す規則で代用されることが多い．

Rule 3′：$N_h = N_i$ を満たす要素の組 $h,\ i \in M$ があれば，要素 i を削除する．

Rule 4′：(i) $c_j > \sum_{i \in S_j} \min_{k \in N_i} c_k$ もしくは，(ii) $|S_j| > 1$ かつ $c_j \geq \sum_{i \in S_j} \min_{k \in N_i} c_k$ を満たす集合 S_j があれば，$x_j \leftarrow 0$ として集合 S_j を削除する．

SCP では下界値および上界値を利用して最適性を失うことなく一部の変数を固定できることがあり（変数固定，variable fixing），その実現方法を釘付けテスト（pegging test）という．ここでは，ラグランジュ緩和問題から得られる下界値 $z_{\mathrm{LR}}(\boldsymbol{u})$ と被約費用 $\tilde{c}_j(\boldsymbol{u})$ を利用した釘付けテストを紹介する．ここで，ラグランジュ緩和問題の解を $\tilde{\boldsymbol{x}}(\boldsymbol{u}) = (\tilde{x}_1(\boldsymbol{u}), \tilde{x}_2(\boldsymbol{u}), \ldots, \tilde{x}_n(\boldsymbol{u}))$，その時点で得られている上界値を z_{UB} とする．

もし $\tilde{x}_j(\boldsymbol{u}) = 0$ となっている変数 x_j の値を 1 に変更すると，下界値は $z_{\mathrm{LR}}(\boldsymbol{u}) + \tilde{c}_j(\boldsymbol{u})$ となる．同様に $\tilde{x}_j(\boldsymbol{u}) = 1$ となっている変数 x_j の値を 0 に変更すると，下界値は $z_{\mathrm{LR}}(\boldsymbol{u}) - \tilde{c}_j(\boldsymbol{u})$ となる（被約費用 $\tilde{c}_j(\boldsymbol{u})$ の値が負ならば $\tilde{x}_j(\boldsymbol{u}) = 1$ となることに注意）．ここから，以下の問題縮小規則が得られる．

Rule 5：$\tilde{x}_j(\boldsymbol{u}) = 0$ かつ $z_{\mathrm{LR}}(\boldsymbol{u}) + \tilde{c}_j(\boldsymbol{u}) > z_{\mathrm{UB}}$ ならば $x_j \leftarrow 0$ として集

合 S_j を削除する．

Rule 6： $\tilde{x}_j(\boldsymbol{u}) = 1$ かつ $z_{\rm LR}(\boldsymbol{u}) - \tilde{c}_j(\boldsymbol{u}) > z_{\rm UB}$ ならば $x_j \leftarrow 1$ として集合 S_j とそれによって被覆されるすべての要素 $k \in S_j$ を削除する．

上記の規則が有効に働くには，上界値と下界値がある程度近いことが必要である．特に上界値と下界値の差が c_j 以上ある場合はこれらの規則は適用できないことに注意して欲しい．

●6.5● 価　格　法 ●

乗務員スケジューリング問題や VRP などの応用では SCP の規模が非常に大きくなり，問題例によっては集合の数が 100 万個に及ぶこともある．これらの大規模な問題例では，元問題はもちろんのこと，LP 緩和問題やラグランジュ緩和問題などの緩和問題を解くことも困難である．大規模な問題例に対して一度にすべての集合 S_j, $j \in N$ を扱うのではなく，添字集合 N の部分集合 $C \subseteq N$ に含まれる集合 S_j, $j \in C$ のみを考慮した問題を解く方法があり，**価格法**（pricing method），列生成法などの実現方法が知られている．

SCP では候補となる集合の数が 100 万程度の大規模な問題例であっても，選ばれる集合の数は高々要素の数（数千）程度であることが多い．特に，ラグランジュ緩和問題を解いた際に得られる各集合 S_j の被約費用 $\tilde{c}_j(\boldsymbol{u})$ に着目すると，被約費用の値が小さい集合のみ選ばれていることがわかる．そこで，探索の途中では一部の集合 S_j, $j \in C$ のみを用いた部分問題を解き，この部分問題のよい近似解が得られたら，ラグランジュ緩和問題を解いて得られる被約費用 $\tilde{c}_j(\boldsymbol{u})$ が小さい集合を集めて，部分問題 $C \subseteq N$ を再構成する手続きを繰り返す**部分問題固定法**（core problem fixing method）が提案されている[21]．

まず，各要素 $i \in M$ についてこれを被覆する集合 S_j, $j \in N_i$ を 5 個ずつ選んで添字集合 $C \subseteq N$ を構成し，以下の部分問題を定義する．

$$
\begin{array}{lll}
\text{最小化} & z^c(\boldsymbol{x}) = \sum_{j=1}^{n} c_j x_j & \\
\text{制約条件} & \sum_{j=1}^{n} a_{ij} x_j \geq 1, & i = 1, 2, \ldots, m \\
& x_j \in \{0, 1\}, & j \in C \\
& x_j = 0, & j \in N \setminus C
\end{array}
\tag{6.12}
$$

この部分問題に対するラグランジュ双対問題を考え，これを劣勾配法を用いて解く．このとき，劣勾配法を T 回反復するたびに以下の手続きを実行して部分問題 $C \subseteq N$ を更新する．

部分問題の更新

Step 1：各集合 $S_j,\ j \in N$ の被約費用 $\tilde{c}_j(\boldsymbol{u})$ を計算する．

Step 2：$C_1 \leftarrow \{j \mid \tilde{c}_j(\boldsymbol{u}) < 0.1,\ j \in N\}$ とする．また，$C_2(i)$ を $j \in N_i$ で被約費用 $\tilde{c}_j(\boldsymbol{u})$ の小さい順に 5 個集めたものとし，$C_2 \leftarrow \bigcup_{i \in M} C_2(i)$ とする．

Step 3：$|C_1| > 5m$ ならば $j \in C_1$ で被約費用 $\tilde{c}_j(\boldsymbol{u})$ の小さい順に $5m$ 個集めたものを C_1 とする．$C \leftarrow C_1 \cup C_2$ とする．

部分問題に対するラグランジュ双対問題の解 $\boldsymbol{u}$ が与える下界値を $z^c_{\mathrm{LR}}(\boldsymbol{u})$ とする．部分問題は候補となる集合を制限して得られる問題なので，$z^c_{\mathrm{LR}}(\boldsymbol{u})$ 自身は元問題に対する下界値ではない．しかし，これを用いて元問題に対する下界値 $z_{\mathrm{LR}}(\boldsymbol{u})$ を計算できる．

$$
z_{\mathrm{LR}}(\boldsymbol{u}) = z^c_{\mathrm{LR}}(\boldsymbol{u}) + \sum_{j \in N \setminus C} \tilde{c}_j(\boldsymbol{u}) \tilde{x}_j(\boldsymbol{u}) = \sum_{i=1}^{m} u_i + \sum_{j=1}^{n} \min\{\tilde{c}_j(\boldsymbol{u}), 0\}
\tag{6.13}
$$

部分問題の更新ではすべての集合 $S_j,\ j \in N$ について被約費用 $\tilde{c}_j(\boldsymbol{u})$ を計算する必要があるため，部分問題を頻繁に更新するとアルゴリズムの効率がわるくなる．一方で，部分問題がまれにしか更新されないと精度のよい下界値は得られにくい．そこで，部分問題の下界値 $z^c_{\mathrm{LR}}(\boldsymbol{u})$ と，元問題の下界値 $z_{\mathrm{LR}}(\boldsymbol{u})$ の相対ギャップ $\Delta = (z^c_{\mathrm{LR}}(\boldsymbol{u}) - z_{\mathrm{LR}}(\boldsymbol{u}))/z_{\mathrm{UB}}$ を用いて部分問題の更新間隔 T を適応的に調整する．まず部分問題の更新間隔 $T \leftarrow 10$ とする．部分問題の更新を行う際に Δ が小さければ T を増やし，逆に Δ が大きければ T を減らす．

具体的には以下のルールが適用される．

$$T \leftarrow \begin{cases} 10T, & \Delta \leq 10^{-6} \\ 5T, & 10^{-6} < \Delta \leq 0.02 \\ 2T, & 0.02 < \Delta \leq 0.2 \\ 10, & \Delta > 0.2 \end{cases} \tag{6.14}$$

6.6 貪欲法

SCP で最もよく知られている近似解法の 1 つが**貪欲法**（greedy algorithm）である．貪欲法は最も**費用効果**（cost effectiveness）の高い集合 S_j を選択する手続きをすべての要素 $i \in M$ が被覆されるまで繰り返す方法である．

<u>貪欲法</u>

Step 1：$M' \leftarrow \emptyset$, $x_j \leftarrow 0$, $j \in N$ とする．

Step 2：$M' = M$ ならば Step 3 へ．そうでなければ，$x_j = 0$ かつ $c_j/|S_j \setminus M'|$ が最小となる変数 x_j を選び $x_j \leftarrow 1$, $M' \leftarrow M' \cup S_j$ として Step 2 へ戻る．

Step 3：冗長な（$x_j = 1$ かつ $\sum_{j' \in N \setminus \{j\}} a_{ij'} x_{j'} \geq 1$, $i = 1, 2, \ldots, m$ を満たす）集合 S_j があれば $x_j \leftarrow 0$ として Step 3 へ戻る．そうでなければ終了する．

冗長な集合 S_j の削除は集合を選択した順番の逆順で行われることが多く**逆順削除**（reverse delete step）と呼ばれる．

この貪欲法で得られる近似解の上界値は最適値の H_d 倍以下となることが知られている．ここで，$H_k = 1 + 1/2 + \cdots + 1/k$[*1]，$d = \max_{j \in N} |M_j|$ である．

6.7 主双対法

主双対法（primal-dual method）は，LP 緩和問題の双対問題を用いて元問

*1) このような級数を調和級数（harmonic series）という．

題に対する近似解を生成する手法である．

LP 緩和問題とその双対問題の解の組 $(\boldsymbol{x}, \boldsymbol{y})$ が最適となるための必要十分条件は以下の**相補性条件**（complementary conditions）を満たすことである．

主相補性条件

$$x_j > 0 \ \Rightarrow \ \sum_{i=1}^{m} a_{ij} y_i = c_j, \quad j = 1, 2, \ldots, n \tag{6.15}$$

双対相補性条件

$$y_i > 0 \ \Rightarrow \ \sum_{j=1}^{n} a_{ij} x_j = 1, \quad i = 1, 2, \ldots, m \tag{6.16}$$

主双対法は元問題の実行不可能解 $\boldsymbol{x}$ と LP 緩和問題の双対問題の実行可能解 $\boldsymbol{y}$ からはじめる．$\boldsymbol{x}$ は整数解に保ちつつ実行可能解に近づけるように，$\boldsymbol{y}$ は実行可能解に保ちつつ下界値が改善するように更新を繰り返し，$\boldsymbol{x}$ が実行可能解になった時点で終了する．SCP に対する主双対法では，主相補性条件は常に満たすが双対相補性条件は必ずしも満たしていない $(\boldsymbol{x}, \boldsymbol{y})$ を生成する．以下に SCP に対する主双対法の手続きを示す．

主双対法

Step 1： $x_j \leftarrow 0, j \in N, \quad y_i \leftarrow 0, i \in M$ とする．

Step 2： すべての要素 $i \in M$ が被覆されていれば Step 3 へ進む．そうでなければ被覆されていない要素 $i \in M$ を選び，

$$y_i \leftarrow \min_{j \in N_i} \left\{ c_j - \sum_{h \in M, h \neq i} a_{hj} y_h \right\}$$

とする．このとき，$\sum_{i=1}^{m} a_{ij} y_i = c_j$ を満たす集合 S_j について $x_j \leftarrow 1$ として Step 2 へ戻る．

Step 3： 冗長な集合 S_j があれば $x_j \leftarrow 0$ として Step 3 へ戻る．そうでなければ終了する．

この主双対法で得られた解は主相補性条件 (6.15) を満たすので，

$$\sum_{j=1}^{n} c_j x_j = \sum_{j=1}^{n} \left(\sum_{i=1}^{m} a_{ij} y_i \right) x_j = \sum_{i=1}^{m} \left(\sum_{j=1}^{n} a_{ij} x_j \right) y_i \leq \max_{i=1,2,\ldots,m} |N_i| \sum_{i=1}^{m} y_i \tag{6.17}$$

を満たす．また，LP に関する弱双対定理より LP 緩和問題とその双対問題の実行可能解の組 $(\boldsymbol{x}, \boldsymbol{y})$ について，

$$\sum_{j=1}^{n} c_j x_j \geq \sum_{i=1}^{m} y_i$$

が成り立つ．よって，主双対法で得られる近似解の値は常に最適値の $\max_{i \in M} |N_i|$ 倍以下となることが保証できる．

6.8 丸め法

SCP では，緩和問題の最適解を適当な方法によって，元問題の実行可能解に変換すると比較的よい上界値が得られることが多い．

LP 緩和問題の最適解を整数解にする 1 つの方法は，0 でない変数の値を 1 に切り上げることである．LP 緩和問題の最適解 $\bar{\boldsymbol{x}} = (\bar{x}_1, \bar{x}_2, \ldots, \bar{x}_n)^\top$ に対して整数解 $\boldsymbol{x} = (x_1, x_2, \ldots, x_n)^\top$ を以下の式のとおりに決定する．

$$x_j = \begin{cases} 1, & \bar{x}_j \geq \dfrac{1}{\max_{i=1,2,\ldots,m} |N_i|} \\ 0, & \text{それ以外} \end{cases} \tag{6.18}$$

LP 緩和問題の最適解 $\bar{\boldsymbol{x}}$ は $\sum_{j \in N_i} \bar{x}_j \geq 1,\ i \in M$ を満たすので，どの要素 $i \in M$ にも少なくとも 1 つ $\bar{x}_j \geq 1/|N_i|$ となる変数 x_j が存在する．よって，上記の方法によって得られた整数解 $\boldsymbol{x}$ は元問題の実行可能解（被覆）になっている．また，いずれの変数 x_j の値も高々 $\max_{i=1,2,\ldots,m} |N_i|$ 倍しかしていないため，得られた整数解の近似値は常に最適値の $\max_{i=1,2,\ldots,m} |N_i|$ 倍以下となることが保証できる．

●6.9● ラグランジュヒューリスティックス ●

ラグランジュ緩和問題の解 $\tilde{\boldsymbol{x}}(\boldsymbol{u})$ は整数であるが，すべての要素 $i \in M$ が被覆されているとは限らない．そこで，緩和解 $\tilde{\boldsymbol{x}}(\boldsymbol{u})$ において値が 1 となっている変数と，すでに被覆されている要素を除いて得られる問題を考え，この部分問題に対して貪欲法や主双対法などの近似解法を適用して元問題の実行可能解を得る方法が用いられる．ラグランジュ緩和問題の解から，元問題の実行可能解を得るこれらの方法はラグランジュヒューリスティックス（Lagrangian heuristics）と呼ばれる．以下に SCP に対するラグランジュヒューリスティックスの手続きを示す．

<u>ラグランジュヒューリスティックス</u>

Step 1：$x_j \leftarrow \tilde{x}_j(\boldsymbol{u}), j \in N$，$M' \leftarrow \bigcup_{j \in N, \tilde{x}_j(\boldsymbol{u})=1} S_j$ とする．

Step 2：$M' = M$ ならば Step 3 へ進む．そうでなければ被覆されていない要素 $i \in M \setminus M'$ を選び，要素 i を含みかつ費用 c_j が最小となる集合 $S_j, j \in N_i$ について $x_j \leftarrow 1$，$M' \leftarrow M' \cup S_j$ として Step 2 へ戻る．

Step 3：冗長な集合 S_j があれば $x_j \leftarrow 0$ として Step 3 へ戻る．そうでなければ終了する．

同じような下界値を与えるラグランジュ緩和解であっても，ラグランジュヒューリスティックスによって得られる上界値が全く異なることがいくつかの数値実験によって知られている．そこで，劣勾配法の各反復において得られる緩和解に対してラグランジュヒューリスティックスを適用することで，さらによい上界値を得る方法もよく使われる．また，ラグランジュヒューリスティックスでは選択基準に費用 c_j の代わりに被約費用 $\tilde{c}_j(\boldsymbol{u})$ を用いることが多い．

●6.10● 数値実験 ●

ここで，文献 11) のベンチマーク問題例に対して，本章で紹介したアルゴリズムを PC（Intel Xeon 2.8 GHz）上で実行した結果を示す．ベンチマーク問題例は 12 のクラスに分かれており，クラス 4，5 は各 10 題，クラス 6，A–H は各 5 題の問題例を含んでいる．クラス RAIL はイタリアの鉄道会社が実施したコンペティションで用いられたもので 7 題の問題例を含んでいる．クラス 4–6，A–H については各クラスに含まれる全問題例の平均値を，クラス RAIL については各問題例の値を示す．

表 6.1 にベンチマーク問題例に対して双対単体法と劣勾配法を実行した結果を示す．双対単体法には商用の数理計画ソフトウェアである CPLEX9.1.3 を用いた．また，劣勾配法は 6.3 節で紹介した基本的な劣勾配法を用いた．劣勾配法はラグランジュ双対問題に対する近似解法なので，LP 緩和問題に対する厳密解法である双対単体法とその性能を比較することは難しい．しかし，表

表 6.1 双対単体法と劣勾配法の比較

問題例	行数	列数	双対単体法		劣勾配法	
			下界値	時間（秒）	下界値	時間（秒）
4.1–4.10	200	1,000	509.10	0.01	509.03	0.03
5.1–5.10	200	2,000	256.38	0.01	256.32	0.06
6.1–6.5	200	1,000	139.22	0.01	139.02	0.09
A.1–A.5	300	3,000	237.73	0.03	237.55	0.15
B.1–B.5	300	3,000	69.38	0.05	69.26	0.47
C.1–C.5	400	4,000	219.34	0.05	219.15	0.32
D.1–D.5	400	4,000	58.84	0.06	58.72	0.80
E.1–E.5	500	5,000	21.38	0.19	21.26	3.31
F.1–F.5	500	5,000	8.92	0.40	8.79	7.13
G.1–G.5	1,000	10,000	149.48	0.47	149.13	2.38
H.1–H.5	1,000	10,000	45.67	0.81	45.41	7.02
RAIL507	507	63,009	172.15	10.48	171.41	3.06
RAIL516	516	47,311	182.00	4.02	181.53	2.58
RAIL582	582	55,515	209.71	8.31	209.40	4.34
RAIL2536	2,536	1,081,841	688.40	1,673.13	685.79	111.44
RAIL2586	2,586	920,683	935.92	1,734.22	933.19	73.17
RAIL4284	4,284	1,092,610	1,054.05	3,517.55	1,051.70	135.52
RAIL4872	4,872	968,672	1,509.64	3,546.61	1,505.86	89.20

6.1 の結果は劣勾配法が大規模な問題例において精度のよい下界値を短時間で求める有効な手段であることを示している．

次に，本章で紹介した貪欲法，主双対法，丸め法，ラグランジュヒューリスティックスをベンチマーク問題例に対して実行した結果を表 6.2，6.3 に示す．ここでは，費用 c_j の代わりに，被約費用 $\tilde{c}_j(\boldsymbol{u})$ を選択基準とするラグランジュヒューリスティックスを用いた．表 6.3 における丸め法の計算時間には LP 緩和問題を解く時間は含まれていない．

貪欲法と主双対法は計算時間が非常に短いものの得られる上界値もわるい一方で，丸め法やラグランジュヒューリスティックスは計算時間はかかるものの比較的よい上界値が得られている．本章で紹介した近似解法は基本的なので，大規模な問題例を解く場合には十分な精度の近似解が得られないかもしれない．しかし，クラス 4–6，A–H に代表される規模の問題例であれば，ラグランジュヒューリスティックスを実行することで十分な精度の近似解が得られることが期待できる．

表 6.2 近似解法の比較（上界値）

問題例	行数	列数	貪欲法	主双対法	丸め法	ラグランジュ
4.1–4.10	200	1,000	528.3	602.2	518.6	510.2
5.1–5.10	200	2,000	270.4	292.5	265.7	257.6
6.1–6.5	200	1,000	156.4	176.4	156.6	145.6
A.1–A.5	300	3,000	253.2	302.8	261.0	243.0
B.1–B.5	300	3,000	78.2	89.4	84.6	76.0
C.1–C.5	400	4,000	234.8	278.4	249.8	227.6
D.1–D.5	400	4,000	70.4	71.8	72.8	65.2
E.1–E.5	500	5,000	31.0	38.4	34.8	29.4
F.1–F.5	500	5,000	16.2	18.8	17.4	15.0
G.1–G.5	1,000	10,000	178.8	212.0	192.6	175.0
H.1–H.5	1,000	10,000	66.6	82.8	73.0	63.8
RAIL507	507	63,009	210	355	198	191
RAIL516	516	47,311	202	368	185	194
RAIL582	582	55,515	247	432	225	222
RAIL2536	2,536	1,081,841	882	1,412	748	768
RAIL2586	2,586	920,683	1,157	1,755	1,057	1,047
RAIL4284	4,284	1,092,610	1,358	2,095	1,186	1,167
RAIL4872	4,872	968,672	1,868	2,853	1,685	1,672

表 6.3 近似解法の比較（計算時間（秒））

問題例	行数	列数	貪欲法	主双対法	丸め法	ラグランジュ
4.1–4.10	200	1,000	<0.01	<0.01	<0.01	0.05
5.1–5.10	200	2,000	<0.01	<0.01	<0.01	0.09
6.1–6.5	200	1,000	<0.01	<0.01	<0.01	0.18
A.1–A.5	300	3,000	<0.01	<0.01	<0.01	0.30
B.1–B.5	300	3,000	0.01	<0.01	<0.01	0.68
C.1–C.5	400	4,000	0.01	<0.01	<0.01	0.53
D.1–D.5	400	4,000	<0.01	<0.01	<0.01	1.27
E.1–E.5	500	5,000	0.01	<0.01	<0.01	4.38
F.1–F.5	500	5,000	0.01	0.01	<0.01	9.49
G.1–G.5	1,000	10,000	<0.01	0.01	<0.01	3.44
H.1–H.5	1,000	10,000	0.01	0.01	<0.01	10.26
RAIL507	507	63,009	0.02	0.02	<0.01	7.00
RAIL516	516	47,311	0.02	0.02	<0.01	4.69
RAIL582	582	55,515	0.02	0.02	<0.01	7.73
RAIL2536	2,536	1,081,841	0.92	0.88	0.34	225.25
RAIL2586	2,586	920,683	0.83	0.63	0.27	144.19
RAIL4284	4,284	1,092,610	1.11	1.00	0.38	292.02
RAIL4872	4,872	968,672	0.83	0.67	0.30	233.86

関連文献

本章では，SCP に対して緩和法を利用した近似解法について代表的なアプローチをいくつか紹介した．SCP 全般については，文献 22, 153) の解説が詳しいのでより詳細な情報についてはそちらを参照されたい．また，近似解法の理論的解析については文献 96, 160) が，ラグランジュ緩和法については文献 130) が詳しい．また，3.6 節も参照されたい．

ここでは取り上げなかったがメタヒューリスティックスを用いたアプローチについては GRASP[42]，アニーリング法[17, 79]，遺伝アルゴリズム（genetic alborithm；GA）[3, 12] などが提案されている．また，文献 168) ではラグランジュ緩和問題から得られる情報を，メタヒューリスティックスに取り入れることで大規模な問題例に対する効率よい解法を実現している．文献 153) では本章で紹介した近似解法，およびメタヒューリスティックスを用いたアプローチを代表的なベンチマーク問題例に適用した結果の比較を行っている．

7 勤務スケジューリング問題

勤務スケジューリング問題とは，航空・鉄道・バスの乗務員，病院の看護師，工場の従業員，コールセンターのオペレータ，大学の教員など多くの職場において一定期間における従業員の勤務スケジュールを作成する問題である．勤務スケジュールの作成はサービスの質を維持すると同時に，従業員の労働負荷を十分に考慮する必要があるため，多くの種類の制約をもつ複雑な組合せ問題となっている．しかし，これらの勤務スケジュール作成の大部分はいまだに人手によって行われており，勤務スケジュール作成者の負担を軽減するソフトウェアの開発が望まれている．

そこで，本章では航空産業における乗務員スケジューリング問題と，病院における看護師スケジューリング問題（nurse rostering problem）に対するいくつかのアプローチを紹介する．

● 7.1 ● 乗務員スケジューリング問題 ●

航空産業では，乗務員にかかる人件費は経費の中で燃料費に次いで大きな割合を占めている．人件費は乗務員に直接支払う給料以外にも，乗務員が基地となる空港以外で宿泊する際に生じる宿泊費，食費，空港とホテル間の送迎費，さらには乗務員に対する超過勤務費を含み，これらの費用は乗務員の給料の 5 割程度に及ぶことがある．しかし，人手による乗務員スケジュールの作成（通常 1 カ月分）は，数年の経験をもつ熟練者でも 1 週間以上を要する困難な作業である．そのため，1970 年頃から短時間で効率のよい乗務員スケジュールを作成するソフトウェアの開発が推し進められ，現在では欧米の大手航空会社の多くがこれらのソフトウェアを導入している（詳しくは，文献 5) を参照）．そこで，本節では，運航計画（ダイヤグラム）が与えられた際に乗務員スケジュールを効率よく実現するアプローチを紹介する．

大手の航空会社では，機体および乗務員スケジュール作成は非常に手間のかかる複雑な作業であるため，下記のようにいくつかの作業に分割されることが多い．

- 運航計画（ダイヤグラム）の作成（time tabling）
- 機体の割当て（fleet assignment）
- 乗務パターンの作成（crew pairing）
- 乗務員の勤務スケジュールの作成（crew rostering）

乗務パターン（crew pairing）は基地となる空港を出発する便からはじまり，複数の便を乗り継いで最後にはじめの空港に戻ってくる乗り継ぎのパターンである．途中で基地となる空港以外での宿泊も許されるが，労働条件として乗務パターンの期間は最長で 3 日ないし 4 日と定められている．そのほかにも，1 日の乗務時間や便数，乗務間隔の下限など様々な労働条件を考慮する必要がある．また，乗務員が便に客として**便乗**（deadhead）したり，他の交通機関を利用して空港間を移動することもしばしば生じる．こうした乗務パターンの組合せは莫大な数になるが，その中からすべての便の運行に必要な乗務員を充足する乗務パターンの組合せを求める問題が**乗務パターン作成問題**（crew paring problem）である．

次に，乗務パターン作成問題で決められた乗務パターンおよび訓練日，休息日を個々の乗務員に割り当て，各乗務員の 1 カ月の勤務スケジュールを作成する．この問題は**乗務員勤務スケジュール作成問題**（crew rostering problem）と呼ばれる．ヨーロッパの航空会社では各乗務員がはじめに勤務スケジュールに関する希望を提示した後に，可能な限り制約条件を満たすように勤務スケジュールを作成する．一方，アメリカの航空会社では，乗務員個人の情報を用いないですべての乗務パターンを充足する勤務スケジュールの集合を作成する．その後に，あらかじめ決められた優先順（通常は年齢順）に従って，各乗務員が与えられた勤務スケジュールの集合から自分の希望に合うものを選択する．いずれの方式でも，労働負荷や休息日のとり方についてなるべく個人差がないように分散しつつ，乗務員の利用率を最大化することが目的である．

7.1.1 乗務パターン作成問題

ここでは，毎日の運航計画（ダイヤグラム）が表 7.1 で与えられる問題例を用いて乗務パターン作成問題を説明する．A および B 空港を基地として実行可能な乗務パターンは以下の条件を満たすものとする．

- 乗務パターンは基地である A もしくは B 空港で開始・終了する
- 乗務パターンの期間は 2 日以下とする
- 1 日当たりの乗務時間は 12 時間以下とする

また，乗務員の給料は一律であると考えて，各実行可能な乗務パターンのコストはその期間の長さに比例するものとする．

すべての実行可能な乗務パターンを列挙したものを表 7.2 に示す．各乗務パターン横の値は表 7.1 の便，括弧内の値はその乗務パターンのコストを表す．この問題例では乗務パターンの実行に必要な乗務員の人数をコストとしている．例えば，2 日かかる乗務パターンは 1 人の乗務員が乗務パターンの 1 日目を，もう 1 人の乗務員が乗務パターンの 2 日目を交互に行う．この乗務パターンは 2 人の乗務員によって実行されるためコストは 2 となる．実際の乗務パターン作成問題は乗務パターンに関する複雑な条件を多くもち，また各乗務パ

表 7.1 運航計画（ダイヤグラム）の例

便	出発地	到着地	出発時刻	到着時刻
1	A	B	6:30	13:30
2	B	A	14:30	21:30
3	B	C	10:15	11:45
4	C	B	12:15	13:45
5	B	C	14:15	15:45
6	C	B	16:15	17:45

表 7.2 すべての実行可能な乗務パターン

P1	1–宿泊–2（2）	P7	5–6（1）	P13	3–宿泊–4–5–6（2）
P2	1–宿泊–3–4–2（2）	P8	3–4–5–6（1）	P14	3–4–5–宿泊–4（2）
P3	1–5–宿泊–4–2（2）	P9	2–宿泊–1（2）	P15	3–4–5–宿泊–4–5–6（2）
P4	1–5–6–宿泊–2（2）	P10	2–宿泊–1–5–6（2）	P16	5–宿泊–4（2）
P5	3–4（1）	P11	3–宿泊–4（2）	P17	5–宿泊–4–5–6（2）
P6	3–6（1）	P12	3–宿泊–6（2）		

ターンのコストも複雑な計算によって評価される．

実行可能な乗務パターンの集合とそれらのコストが与えられれば，乗務員パターン作成問題は下記に示す**集合分割問題**（SPP）として定式化できる．

$$\begin{array}{lll} \text{最小化} & \sum_{p \in P} c_p x_p & \\ \text{制約条件} & \sum_{p \in P} a_{ip} x_p = 1, & i \in I \\ & x_p \in \{0,1\}, & p \in P \end{array} \tag{7.1}$$

ここで，I は便の集合を，P は実行可能な乗務パターンの集合を表す．ある乗務パターン p について乗務員が便 i に乗務するなら $a_{ip} = 1$，そうでなければ $a_{ip} = 0$ となる．x_p は乗務パターン p の適用を表す 0–1 変数であり，$x_p = 1$ ならば乗務パターン p が適用されることを，$x_p = 0$ ならば乗務パターン p が適用されないことを表す．c_p は乗務パターン p のコストを表し，適用された乗務パターンのコストの総和が目的関数となる．制約条件はすべての便に 1 人の乗務員が割り当てられることを表す．ただし，乗務員が便に客として便乗することを考慮する場合は，この条件は $\sum_{p \in P} a_{ip} x_p \geq 1$ に置き換えられるので，乗務パターン作成問題は**集合被覆問題**（SCP）となる．例えば，表 7.1，7.2 の問題例は以下のとおり定式化できる．

$$\begin{array}{ll} \text{最小化} & 2x_1 + 2x_2 + 2x_3 + 2x_4 + x_5 + x_6 + x_7 + x_8 + 2x_9 + 2x_{10} \\ & \quad + 2x_{11} + 2x_{12} + 2x_{13} + 2x_{14} + 2x_{15} + 2x_{16} + 2x_{17} \\ \text{制約条件} & x_1 + x_2 + x_3 + x_4 + x_9 + x_{10} = 1 \\ & x_1 + x_2 + x_3 + x_4 + x_9 + x_{10} = 1 \\ & x_2 + x_5 + x_6 + x_8 + x_{11} + x_{12} + x_{13} + x_{14} + x_{15} = 1 \\ & x_2 + x_3 + x_5 + x_8 + x_{11} + x_{13} + x_{14} + x_{15} + x_{16} + x_{17} = 1 \\ & x_3 + x_4 + x_7 + x_8 + x_{10} + x_{13} + x_{14} + x_{15} + x_{16} + x_{17} = 1 \\ & x_4 + x_6 + x_7 + x_8 + x_{10} + x_{12} + x_{13} + x_{15} + x_{17} = 1 \\ & x_1, x_2, \ldots, x_{17} \in \{0,1\} \end{array} \tag{7.2}$$

この問題例の最適解は $x_1 = 1$，$x_8 = 1$，それ以外の変数の値は 0 であり目的関数値は 3 となる．この最適解によって決定される乗務パターンの組合せを図 7.1 に示す．乗務パターン 1（表 7.2 の P1）は宿泊を伴うため，乗務員 1，2 の 2 人が担当し，乗務パターン 8（表 7.2 の P8）を乗務員 3 が担当している．

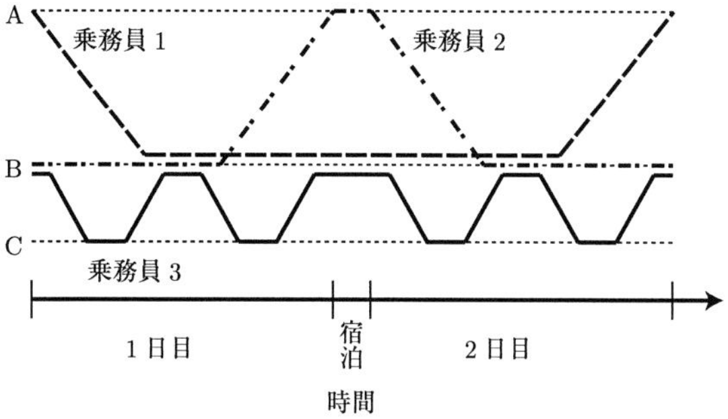

図 7.1 乗務パターンの組合せ例

このように，乗務パターン作成問題は実行可能な乗務パターンを列挙する手続きと，SPP を解いて最適な乗務パターンの組合せを選ぶ手続きに分けて考えることができる．しかし，比較的小さな問題例であっても，実行可能な乗務パターンの総数 $|P|$ が非常に大きくなる問題点がある．例えば，71 本の便からなる問題例では実行可能な乗務パターンの総数は約 25 万に上る．また，数百本の便からなる大規模な問題例では，実行可能な乗務パターンの総数は数十億に上るとの報告がある．この問題点は SPP を解く際にすべての実行可能な乗務パターンの集合 P ではなく，その部分集合 $P'(\subset P)$ のみを考慮することで解決できる．例えば，各便 i について $a_{ip}=1$ を満たし，かつコスト c_p が十分に小さい乗務パターン p を数個ずつ集めて乗務パターン集合 P' をつくる方法が考えられる．

よく使われるのは，実行可能な乗務パターン集合 P' に新たな乗務パターンを生成・追加する作業と，SPP を解く作業を交互に繰り返し行う方法である．例えば，SPP を解いて得た解からいくつかの乗務パターンをランダムに選び，それらに含まれる便のみを考慮した乗務パターン作成問題について考える．これは少数の便からなる問題なので，実行可能な乗務パターンをすべて列挙することが可能である．こうして列挙した乗務パターンを，現在保持している乗務パターン集合 P' に追加することで乗務パターン集合 P' を更新できる．

また，各変数の整数条件を緩和して得られる**線形計画**（LP）緩和問題を利用して，新たな乗務パターンを生成する方法もよく使われる．少数の実行可能な乗務パターンからなる乗務パターン集合 P' を用意し，この乗務パターン集合 P' だけを考慮した SPP の LP 緩和問題を解く．この LP 緩和問題に対する双対問題は双対変数 u_i を用いて，

$$\begin{array}{ll} 最大化 & \sum_{i\in I} u_i \\ 制約条件 & \sum_{i\in I} a_{ip} u_i \leq 1, \quad p \in P' \end{array} \tag{7.3}$$

と表され，各乗務パターン $p \in P'$ はこの双対問題の制約条件に対応する．この双対問題の最適解を $\boldsymbol{u}^* = (u_1^*, u_2^*, \ldots, u_{|I|}^*)$ とする．図 7.2 に示すように，$\sum_{i=1}^{|I|} a_{ip'} u_i^* > 1$ を満たす新たな乗務パターン p' に対応する制約条件を追加すると双対問題の実行可能領域が狭まるため，乗務パターン p' を加えて双対問題を解き直すことで，上記の双対問題の最適値が小さくできることがわかる．LP では強双対定理より主問題と双対問題の最適値が一致することが知られているので，乗務パターン p' を追加することで LP 緩和問題の最適値が改善できることがわかる．

つまり，新たに生成した乗務パターン p' が $\sum_{i=1}^{|I|} a_{ip'} u_i^* > 1$ を満たせば，その乗務パターンを現在の乗務パターン集合 P' に追加した際に，現在の最良解を改善する見込みは大きい．そこで，$\sum_{i=1}^{|I|} a_{ip'} u_i^*$ が最大となる乗務パターン p' を求める最適化問題（資源制約付き最短路問題となる場合が多い）を定式化し，これを解くことで，現在の解を改善する見込みの大きい新たな乗務パターンを生成することができる．この方法は 1 次元資材切出し問題（8.3 節参照）に対する列生成法と同じアプローチであり，乗務パターン作成問題だけでなく，配送計画問題（VRP）など多くの組合せ最適化問題で用いられている（列生成法については文献 34) が詳しい）．

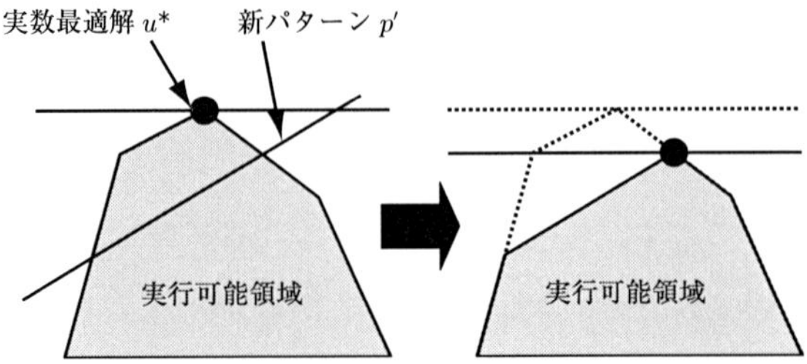

図 **7.2**　列生成法による新たなパターンの追加

7.1.2 乗務員勤務スケジュール作成問題

ここでは，アメリカの航空会社で採用されている方式に従って，乗務員個人の情報を用いないで，すべての乗務パターンを充足する勤務スケジュールの集合を作成する問題を考える．乗務パターン作成問題より実施期間が2日間で乗務時間が11時間，14時間，6時間，5時間の4つの乗務パターンP1，P2，P3，P4が得られているとする．このとき，以下の要件を満たす1週間の勤務スケジュールを作成する問題を考える．通常の勤務スケジュール期間は1カ月であるが，ここでは簡単のため1週間としている．以下に勤務スケジュールの制約条件を示す．

- 各乗務パターンの間は1日以上空ける
- 1週間に乗務パターンを2つ実施する
- 1週間の乗務時間を可能な限り20時間に近づける

表7.3は実行可能な勤務日の組合せを表す．表中のPは乗務パターンの開始日を表す．いずれの乗務パターンも2日かかり，乗務パターンの間は1日以上空ける必要があるため，月曜日に乗務パターンを開始した場合には次の乗務パターンを開始できるのは木曜日以降となる．

勤務日のパターンにおける各勤務日に乗務パターンP1〜P4を割り当てることで，実行可能な勤務スケジュールを列挙できる．表7.4に実行可能な勤務スケジュールの例を示す．この問題例では実行可能な勤務日の組合せが10個，乗務パターンが4個あるので実行可能な勤務スケジュールの総数は160個となる．

表7.3 実行可能な勤務日パターン

月	火	水	木	金	土	日
P	–	–	P	–	–	–
P	–	–	–	P	–	–
P	–	–	–	–	P	–
P	–	–	–	–	–	P
–	P	–	–	P	–	–
–	P	–	–	–	P	–
–	P	–	–	–	–	P
–	–	P	–	–	P	–
–	–	P	–	–	–	P
–	–	–	P	–	–	P

表 7.4　実行可能な勤務スケジュールの例

月	火	水	木	金	土	日	乗務時間
P1	–	–	P2	–	–	–	25
–	–	P3	–	–	P1	–	17
–	P4	–	–	P2	–	–	19

乗務パターン作成問題と同じように乗務員勤務スケジュール作成問題も SPP として定式化できる．a_{ij} は勤務スケジュール j を表し，勤務スケジュール j において乗務パターン i が実施される場合は $a_{ij}=1$，そうでなければ $a_{ij}=0$ とする．ここで，各乗務パターンの番号 i は月曜日〜日曜日の各曜日の乗務パターン P1〜P4（全部で 28 個）に通し番号を振り直して P1〜P28 とする．h_j は勤務スケジュール j の 1 週間の乗務時間を表す．x_j は勤務スケジュール j の選択を表す変数で，勤務スケジュール j を選ぶ場合は $x_j=1$，そうでなければ $x_j=0$ とする．表 7.3，7.4 の問題例に対する乗務員勤務スケジュール作成問題は以下のとおりに定式化できる．

$$
\begin{aligned}
&\text{最小化} && \textstyle\sum_{j=1}^{160}|h_j-20|x_j \\
&\text{制約条件} && \textstyle\sum_{j=1}^{160}a_{ij}x_j=1, \quad i=1,2,\ldots,28 \\
& && x_j\in\{0,1\}, \qquad j=1,2,\ldots,160
\end{aligned}
\tag{7.4}
$$

この問題例を解くと表 7.5 に示す勤務スケジュールの集合が得られる．ここで，表中の P1〜P4 は通し番号を振り直す前のパターン番号である．

表 7.5　勤務スケジュールの集合の例

	月	火	水	木	金	土	日	乗務時間
1	P1	–	–	P4	–	–	–	16
2	–	P1	–	–	P4	–	–	16
3	–	–	P1	–	–	P4	–	16
4	–	–	–	P1	–	–	P4	16
5	P2	–	–	–	–	–	P3	20
6	–	P2	–	–	P3	–	–	20
7	–	–	P2	–	–	P3	–	20
8	–	P3	–	–	P1	–	–	17
9	–	–	P3	–	–	P1	–	17
10	–	–	–	P3	–	–	P1	17
11	P3	–	–	–	–	–	P2	20
12	P4	–	–	P2	–	–	–	19
13	–	P4	–	–	P2	–	–	19
14	–	–	P4	–	–	P2	–	19

各乗務パターンの実行に必要な乗務員が 1 人ならば，表 7.5 よりすべての乗務パターンを充足するのに乗務員が 14 人必要となることがわかる．この後に得られた勤務スケジュールをその航空会社で定められた優先順位に従って各乗務員に割り当てる．

● 7.2 ● 看護師スケジューリング問題 ●

医療の現場では人命に関わる業務を行っているため，医師や看護師は常に質の高い医療を患者に提供することが求められている．特に 24 時間途切れのない看護が求められる病棟では，患者に対する看護の質と過密な勤務に長時間従事する看護師の生活の質を維持することは重要な課題であり，これらの要件を満たす勤務スケジュールを作成する必要がある．

病棟看護師の勤務形態には，主に 1 日を 3 つのシフト（日勤，準夜勤，深夜勤）に分けた 3 交替制と，2 つのシフト（日勤，夜勤）に分けた 2 交替制がある．さらに看護師は技術レベルや担当する患者によっていくつかのチームに分けられる．

勤務スケジュールは部署ごとに看護師長や主任によって手作業で作成される場合が多い．この際に看護師の労働負荷や休日の希望といった個々の要望を考慮しながら，各チームに必要な人数と技術レベルをもつ看護師を割り当てなければならない．しかし，現在の日本では退職者（特にベテラン）が多くどの部署も多くの新人看護師を抱えているため，これらの要件を満たす勤務スケジュールの作成は非常に困難である．そのため，上記の要件を満たす勤務スケジュールを自動で作成するためのアルゴリズムの開発が推し進められている．そこで，本節では看護師の勤務スケジュールを作成する上で考慮すべき条件を整理し，看護師スケジューリング問題のモデル化を行う．

7.2.1　勤務スケジュール作成において考慮すべき条件

看護師スケジューリング問題では，その部署に所属する（20 人以上の）看護師の 1 カ月もしくは 4 週間分のシフトが決定される．例えば勤務形態が 3 交替制であれば，各看護師には日勤，準夜勤，深夜勤，その他の業務，休日のいずれか１つのシフトが毎日割り当てられる．

勤務スケジュール作成においてシフトを割り当てる際に考慮すべき条件は以下の５つにまとめられる．

（**条件1**）毎日の各シフトにおいて必要な人数を確保する

（**条件2**）技術レベルや所属チームを考慮して各シフトの人員を構成する

（**条件3**）各看護師の各シフトの勤務回数が決められた範囲内である

（**条件4**）その他の業務や休日の希望を充足する

（**条件5**）禁止されるシフトパターンを割り当てない

条件２は各シフトを新人の看護師だけで構成せずに，リーダーと呼ばれる経験豊富な看護師を必要な人数だけ確保するという条件である．また，複数のチームに分かれている場合には，各チームに必要な人数を確保するという条件が加わる．条件３では休日や深夜勤の回数を守ることはもちろんであるが，看護師の労働負荷の偏りをなくすために日勤や準夜勤の回数についても制限を与えることが望ましい．条件４ではシフトの回数だけではなく，ある特定の日付においてセミナーや研修などの業務，休日の希望，特定のシフトが指定される．条件５では，例えば３交替制では「深夜勤３日連続」，「準夜勤４日連続」，「日勤５日連続」，「深夜勤の次の日に日勤，準夜勤，またはその他の業務」，「準夜勤の次の日に日勤，またはその他の業務」，「１日だけの連続しない深夜勤」，「前後が休日の１日だけの日勤」などのシフトパターンが禁止される．

ここであげた条件以外にも，各看護師についてなるべく土曜日，日曜日に連続した休日がとれるようにするという目標や，個々の事例において守るべき条件などがある．

7.2.2 看護師スケジューリング問題の定式化

看護師スケジューリング問題では，与えられた条件をすべて満たすことは非常に困難である場合が多い．そこで，必ず守らなければならない条件は制約条件（絶対制約）に残りの条件については考慮制約として，考慮制約の違反を許容した上で違反制約数の（重み付き）総和を目的関数とする方法が一般的である．ただし，各条件を絶対制約と考慮制約のいずれと考えるかは個々の事例によって異なるため，以下の定式化では条件 1～5 をすべて制約条件として扱う．

まず，一般化した看護師スケジューリング問題を示す．

- 看護師の人数を m，スケジュール期間の日数を n，シフトの種類の数を w とする
- 各看護師は技術レベルや担当する患者に応じていくつかのグループに割り当てられている
- 毎日の各シフトについて，必要な看護師の人数，各グループから割り当てられる看護師の人数の上限と下限が与えられる
- 各看護師について，各シフトの勤務回数に対する上限と下限，禁止されるシフトパターンが与えられる
- 各看護師について，セミナーや研修などその他の業務の日程，休日の希望が与えられる

上記の項目が与えられた下で，できるだけ達成したい条件や希望が満たされるスケジュールを作成したい．

次に定式化の際に用いる記号を示す．

$M = \{1, 2, \ldots, m\}$：看護師の集合

$N = \{1, 2, \ldots, n\}$：スケジュール期間中の日付の集合

$W = \{1, 2, \ldots, w\}$：シフトの集合（3 交替制であれば，日勤，準夜勤，深夜勤，その他の業務，休日となる）

R：技術レベルや担当する患者で分けられたグループの集合

G_r $(r \in R)$：グループ r に所属する看護師の集合

$F_1 = \{(i, j, k) \mid$ 看護師 i の j 日のシフト k に固定する$\}$

$F_0 = \{(i, j, k) \mid$ 看護師 i の j 日にシフト k を割り当てるのを禁止する$\}$

$P_h = \{(k_1, k_2, \ldots, k_h) \mid$ 連続する h 日間におけるシフトパターン k_1, $k_2, \ldots, k_h$ を禁止する$\}$ $(h = 1, 2, \ldots, n)$

$Q_h = \{(k, u, v) \mid$ 連続する h 日間においてシフト k の回数を u 回以上 v 回以下とする$\}$ $(h = 1, 2, \ldots, n)$

d_{jk}：j 日のシフト k に必要な看護師の人数

a_{rjk}：j 日のシフト k にグループ r から割り当てられる人数の下限

b_{rjk}：j 日のシフト k にグループ r から割り当てられる人数の上限

c_{ik}：看護師 i のシフト k に対する勤務回数の下限

e_{ik}：看護師 i のシフト k に対する勤務回数の上限

x_{ijk}：看護師 i の j 日にシフト k が割り当てられた場合に 1，そうでない場合に 0 の値をとる 0–1 変数

S：考慮制約の集合

$f_s(\boldsymbol{x})$：考慮制約 $s \in S$ に対するスケジュール $\boldsymbol{x}$ の違反度

以下に看護師スケジューリング問題の定式化を示す．

$$
\begin{array}{llll}
\text{最小化} & \sum_{s\in S} f_s(\boldsymbol{x}) & & (7.5)\\
\text{制約条件} & \sum_{k\in W} x_{ijk} = 1, & i\in M, j\in N & (7.6)\\
& \sum_{i\in M} x_{ijk} \geq d_{jk}, & j\in N, k\in W & (7.7)\\
& a_{rjk} \leq \sum_{i\in G_r} x_{ijk} \leq b_{rjk}, & r\in R, j\in N, k\in W & (7.8)\\
& c_{ik} \leq \sum_{j\in N} x_{ijk} \leq e_{ik}, & i\in M, k\in W & (7.9)\\
& \sum_{\alpha=1}^{h} x_{i,j+\alpha-1,k_\alpha} \leq h-1, & & \\
& \quad i\in M, j\in\{1,2,\ldots,n-h+1\}, & & (7.10)\\
& \quad (k_1,k_2,\ldots,k_h)\in P_h, h=1,2,\ldots,n & & \\
& u \leq \sum_{\alpha=1}^{h} x_{i,j+\alpha-1,k} \leq v, & & \\
& \quad i\in M, j\in\{1,2,\ldots,n-h+1\}, & & (7.11)\\
& \quad (k,u,v)\in Q_h, h=1,2,\ldots,n & & \\
& x_{ijk} = 1, & (i,j,k)\in F_1 & (7.12)\\
& x_{ijk} = 0, & (i,j,k)\in F_0 & (7.13)\\
& x_{ijk} \in \{0,1\}, & i\in M, j\in N, k\in W & (7.14)
\end{array}
$$

各式の意味は以下のとおりである．式 (7.5) は考慮制約 $s \in S$ の違反度の総和を表す．式 (7.6) は看護師 i が j 日にちょうど 1 つのシフトを担当することを表す．式 (7.7) は j 日のシフト k に必要な人数の看護師が勤務することを表す．式 (7.8) は j 日のシフト k にグループ r から割り当てられる人数が，与えられた上下限の範囲内に収まることを表す．式 (7.9) は看護師 i がシフト k を担当する回数が与えられた上下限の範囲内に収まることを表す．式 (7.10) は看護師 i が j 日から連続する h 日間においてシフトパターン $k_1, k_2, \ldots, k_h$ を担当しないことを表す．式 (7.11) は看護師 i が j 日から連続する h 日間において，シフト k を担当する回数が与えられた上下限の範囲内に収まることを表す．式 (7.12) は看護師 i の j 日の担当をシフト k に固定することを表す．式 (7.13)

は看護師 i の j 日の担当にシフト k を割り当てるのを禁止することを表す.

7.2.3 看護師スケジューリング問題に対するアプローチ

看護師スケジューリング問題は，多くの複雑な制約条件をもつため大規模な**整数計画問題**（IP）となることが知られている．例えば，25 人の看護師の 1 カ月のスケジュールを作成する事例では 3,750 個の変数と 9,731 個の線形不等式制約が生じる．そのため，IP に対して分枝限定法などの厳密解法を適用しても現実的な計算時間でスケジュールが求められない場合が多い．そこで，看護師スケジューリング問題を**制約充足問題**（CSP）として定式化して**遺伝アルゴリズム**（GA），アニーリング法，タブー探索法に代表されるメタヒューリスティックスを適用するアプローチがさかんに研究されている．ここでは，各看護師について n 日分の実行可能な勤務スケジュールをあらかじめ列挙しておいて，以下のとおりに定式化された問題を解くアプローチを考える．

看護師 $i \in M$ に対して以下の条件を満たす n 日分の勤務スケジュールの集合を P_i とする．

- 各シフトの勤務回数が与えられた上限と下限の範囲内である
- 禁止されているシフトパターンを含まない
- セミナーや研修などその他の業務の日程や休日の希望を満たす

勤務スケジュール $q \in P_i$ を δ_{iqjk}（看護師 i の j 日のシフトが k ならば 1，そうでなければ 0 の値をとる）で表す．そして，前の定式化での決定変数 x_{ijk} の代わりに看護師 i が勤務スケジュール $q \in P_i$ を採用するかどうかを表す変数 λ_{iq}（勤務スケジュール q を採用するならば $\lambda_{iq} = 1$，そうでなければ $\lambda_{iq} = 0$）を使い，$\tilde{f}_s(\boldsymbol{\lambda})$ を考慮制約 $s \in S$ に対するスケジュール $\boldsymbol{\lambda}$ の違反度とすると，看護師スケジューリング問題は以下のとおり定式化できる．

$$
\begin{array}{llll}
\text{最小化} & \sum_{s \in S} \tilde{f}_s(\boldsymbol{\lambda}) & & (7.15) \\
\text{制約条件} & \sum_{i \in M} \sum_{q \in P_i} \delta_{iqjk} \lambda_{iq} \geq d_{jk}, & j \in N, k \in W & (7.16) \\
& a_{rjk} \leq \sum_{i \in G_r} \sum_{q \in P_i} \delta_{iqjk} \lambda_{iq} \leq b_{rjk}, & r \in R, j \in N, k \in W & (7.17) \\
& \sum_{q \in P_i} \lambda_{iq} = 1, & i \in M & (7.18) \\
& \lambda_{iq} \in \{0, 1\}, & q \in P_i, i \in M & (7.19)
\end{array}
$$

各式の意味は以下のとおりである．式 (7.15) は考慮制約 $s \in S$ の違反度の総和を表す．式 (7.16) は j 日のシフト k に必要な人数の看護師が勤務することを表す．式 (7.17) は j 日のシフト k にグループ r から割り当てられる人数が与えられた上下限の範囲内に収まることを表す．式 (7.18) は看護師 i に実行可能な勤務スケジュールがちょうど 1 つ割り当てられることを表す．

このように，看護師スケジューリング問題は，実行可能な勤務スケジュールを列挙する手続きと，上記の IP を解いて最適な勤務スケジュールの組合せを選ぶ手続きに分けて考えることができる．これは，前節で紹介した乗務パターン作成問題と類似した問題となっており，すべての実行可能な勤務スケジュールの集合 $P_i, i \in M$ ではなく，その部分集合 $P'_i(\subset P_i)$ のみを用いて IP を解く方法もある．例えば，実行可能な勤務スケジュールの集合 P'_i に新たな勤務スケジュールを生成・追加する作業と，IP を解く作業を交互に繰り返し行う方法などがある．

7.2.4 勤務スケジュール作成の例

以下では日本の病院の事例における看護師の勤務スケジュール作成の例を示す．ここでは，2 つのチームから構成される部署における 25 人の看護師の 1 カ月の勤務スケジュールを作成する．シフトは 3 交替制で各看護師には日勤，準夜勤，深夜勤，その他の業務，休日のいずれか 1 つが毎日割り当てられる．この事例における主な制約条件を以下に示す．

- 25 人の看護師は A チーム（13 人）と B チーム（12 人）に分かれており，他の看護師を指揮できるリーダーが A チームに 6 人，B チームに 5 人いる
- 毎日の各シフトにおいてそれぞれ必要な人数の看護師および必要な人数のリーダーが勤務する（例えば，4 月 1 日の日勤はリーダー 4 人を含む 8 人が勤務するなど）
- 毎日の各シフトにおいて A チームと B チームから勤務している人数をほぼ均等にする
- 各看護師に割り当てられる各シフトの勤務回数が決められた上下限を満たす（例えば，準夜勤と深夜勤はそれぞれ最大 6 回まで，休日はちょうど 9 日など）

- 各看護師に少なくとも週に 1 回は日勤および休日を割り当てる
- 各看護師にあらかじめ割り当てられているスケジュール（休日など）を満たす
- 各看護師について以下のシフトパターンの勤務を禁止する「深夜勤 3 日連続」，「準夜勤 4 日連続」，「日勤 5 日連続」，「深夜勤の次の日に日勤，準夜勤，またはその他の業務」，「準夜勤の次の日に日勤，またはその他の業務」，「1 日だけの連続しない深夜勤」，「前後が休日の 1 日だけの日勤」

この問題の制約条件をすべて満たす解は存在しない．そこで，毎日の日勤において必要な看護師およびリーダーの人数を考慮制約に，それ以外を絶対制約としてタブー探索法に基づくアルゴリズム[118, 119]を適用することで表 7.6 に示すようなスケジュールが得られる．このスケジュールでは日勤におけるリーダーの人数不足が 7 日，看護師の人数不足が 1 日生じている．

表 7.6　勤務スケジュールの例

看護師		日付																													
		1	2	3	4	5	6	7	8	9	10	11	12	13	14	15	16	17	18	19	20	21	22	23	24	25	26	27	28	29	30
A	1*	休	日	日	休	深	深	休	日	日	休	日	準	休	休	日	準	準	深	深	休	休	日	日	準	準	準	休	日	深	深
	2*	深	休	休	日	日	日	日	準	休	深	深	休	他	日	日	休	休	休	日	準	準	深	深	休	日	日	準	準	準	休
	3*	休	休	日	日	準	準	休	深	深	休	日	日	休	日	準	深	深	休	日	日	休	休	準	深	深	休	日	日	日	日
	4*	日	日	準	準	休	深	深	休	日	日	休	休	準	準	休	日	日	準	休	他	日	日	日	日	休	休	深	深	休	日
	5*	日	深	深	休	日	日	準	準	休	日	準	深	深	休	休	日	日	日	日	深	深	休	休	休	休	日	日	休	日	準
	6*	準	準	休	深	深	休	日	日	準	準	休	日	日	深	深	休	休	日	準	休	日	準	休	日	日	深	深	休	休	日
	7	休	深	深	休	日	日	準	休	準	準	準	休	日	日	休	日	日	休	日	日	日	休	日	準	深	深	休	日	日	休
	8	準	準	休	休	日	日	休	日	日	他	日	準	休	日	日	日	準	深	深	休	日	日	日	日	休	休	日	準	休	休
	9	休	日	日	日	日	準	休	日	日	日	休	休	休	深	深	休	日	日	休	日	準	準	休	日	日	日	準	休	日	日
	10	他	休	日	日	休	休	日	深	深	休	日	日	日	休	休	他	日	準	準	準	休	日	日	日	準	準	休	深	深	休
	11	日	日	準	準	準	休	日	日	休	休	日	日	休	日	日	他	休	日	日	休	休	日	日	休	日	日	準	深	深	休
	12	深	休	休	日	日	日	休	休	休	日	日	日	準	準	休	他	日	休	日	日	日	休	日	日	日	日	休	日	日	深
	13	日	日	深	深	休	日	他	日	休	休	休	日	日	日	準	準	休	日	深	深	休	日	準	休	休	休	日	日	準	準
B	14*	準	休	日	準	深	深	休	休	日	他	休	休	深	深	休	日	日	日	準	準	準	休	日	準	深	深	休	日	日	休
	15*	日	準	準	休	日	日	準	休	日	準	深	深	休	日	日	日	休	休	休	日	日	準	深	深	休	日	日	休	休	日
	16*	深	深	休	日	準	休	休	日	深	深	休	日	他	休	日	準	深	深	休	休	他	日	日	休	準	準	準	休	日	日
	17*	休	休	日	日	日	準	深	深	休	日	準	休	他	日	深	深	休	日	日	休	休	日	準	休	日	準	深	深	休	日
	18*	休	日	深	深	休	休	日	日	日	休	休	日	日	休	準	準	準	休	日	他	深	深	休	日	日	休	日	準	準	準
	19	日	日	日	日	休	休	他	日	日	日	日	準	休	休	日	他	日	準	休	日	深	深	休	休	休	休	日	準	準	準
	20	休	休	日	日	準	休	日	準	休	日	日	深	深	休	日	日	準	休	休	日	準	休	日	日	日	日	休	日	日	他
	21	休	日	日	休	休	日	準	休	準	準	準	休	日	日	日	深	深	休	日	日	日	休	日	日	日	日	準	休	休	他
	22	他	準	準	休	日	日	日	日	休	深	深	休	日	日	休	休	日	日	休	休	日	日	準	準	準	休	日	日	休	他
	23	日	日	日	準	休	日	深	深	休	休	日	日	休	準	準	休	休	日	準	準	休	日	日	休	日	日	日	休	日	他
	24	準	休	休	日	日	準	休	休	日	日	日	日	準	休	日	日	休	日	日	休	日	準	深	深	休	休	日	日	日	日
	25	日	日	休	休	休	日	日	準	準	休	日	準	準	準	休	休	日	準	深	深	休	休	日	日	日	日	休	日	深	深
日勤		8	10	10	10	10	11	8	10	9	8	11	10	7	10	10	8	10	10	10	8	9	10	13	10	11	10	10	10	10	8
準夜勤		4	4	4	4	4	4	4	4	4	4	4	4	4	4	4	4	4	4	4	4	4	4	4	4	4	4	5	4	4	4
深夜勤		3	3	4	3	3	3	3	4	3	3	3	3	3	3	3	3	3	3	4	3	3	3	3	3	3	3	3	4	4	3

「日」：日勤，「準」：準夜勤，「深」：深夜勤，「休」：休日，「他」：その他の業務．
「*」：リーダー．

関連文献

本章では，航空産業における乗務員スケジューリング問題と病院における看護師スケジューリング問題に対するいくつかのアプローチを紹介した．乗務員スケジューリング問題については文献 10, 65, 83, 173) にまとめられている．乗務員勤務スケジュール作成問題は乗務パターン作成問題ほどさかんに研究されているわけではないが，文献 55, 84) によくまとめられている．看護師スケジューリング問題は古くからさかんに研究されており，文献 18, 26) にまとめられている．本章で紹介したモデルは文献 74, 75, 118, 119) に基づいている．

勤務スケジューリング問題に限らず，様々な状況において人員や資源の割当てを行う問題は**時間割作成問題** (timetabling problem) と呼ばれる．高校や大学における授業や試験の時間割[127)]，サッカーや野球のリーグ戦の日程表[39, 110)]，コールセンターにおけるオペレータの勤務スケジュールなど多くの問題が知られている．

8 切出し・詰込み問題

切出し・詰込み問題（cutting and packing problems）は，いくつかの対象物を互いに重ならないように与えられた領域内に効率よく配置する問題であり，鉄鋼・製紙・繊維産業における母材の切出し，自動車産業における板金の板取り，VLSI 設計におけるモジュール配置，服飾における型紙の配置，物流におけるパレット・コンテナの積込みなど多くの分野に応用をもつ．この問題は対象物や領域の次元，形状，配置制約，目的関数などにより多くのバリエーションをもつことが知られている（詳しくは文献 38, 139, 165) を参照）．

本章では代表的な切出し・詰込み問題である，ナップサック問題（KP），ビンパッキング問題（bin packing problem ; BPP）[*1]，**1 次元資材切出し問題**（1D cutting stock problem ; 1DCSP），**長方形詰込み問題**（rectangle packing problem），**多角形詰込み問題**（two-dimensional irregular stock cutting problem）に対してそれぞれ代表的なアプローチを紹介する．

●8.1● ナップサック問題 ●

最大で重さ $c(>0)$ まで荷物を詰め込むことができるナップサックが 1 つと，荷物の集合 $N=\{1,2,\ldots,n\}$，各荷物 $i\in N$ の価値 $p_i(>0)$ と重さ $w_i(>0)$ が与えられているとする．このとき，重さの合計がナップサックに詰め込める荷物の重さの上限 c を超えない範囲で，価値の合計が最大となる荷物の詰合せを求める問題をナップサック問題（KP）もしくは **0–1 KP** と呼ぶ．0–1 変数 $\boldsymbol{x}=(x_1,x_2,\ldots,x_n)$ を

[*1] ビン（bin）は英語で穀物・石炭などを貯蔵する蓋の付いた大箱を意味する．

$$x_i = \begin{cases} 1, & \text{荷物}\ i\ \text{がナップサックに入っている} \\ 0, & \text{荷物}\ i\ \text{がナップサックに入っていない} \end{cases} \tag{8.1}$$

とすると KP は以下のとおりに定式化できる．

$$\begin{array}{ll} \textbf{KP} & \\ \text{最大化} & \sum_{i=1}^{n} p_i x_i \\ \text{制約条件} & \sum_{i=1}^{n} w_i x_i \le c \\ & x_i \in \{0,1\}, \quad i = 1,2,\ldots,n \end{array} \tag{8.2}$$

また，x_i が非負整数の値をとる場合（つまり，各荷物 i は十分な数が用意されていると考える）は，変数 x_i はナップサックに入っている荷物 i の個数と解釈できて，この問題は**整数ナップサック問題**（integer knapsack problem ; IKP）という．KP は $\mathcal{NP}$ 困難問題であることが知られている[57)]．

以下では KP に対する貪欲法と動的計画法について紹介する．ここで，ナップサックに詰め込める荷物の重さの上限 c，各荷物 i の価値 p_i と重さ w_i はいずれも非負整数とする．

まず，KP に対する簡単な貪欲法を考える．単位重さ当たりの価値 p_i/w_i の大きい荷物から順に，ナップサックに詰め込める重さの上限 c を超えない限り順に詰める．より正確には単位重さ当たりの価値の非増加順に荷物を $1,2,\ldots,n$ と並べ替えた後，貪欲法の解 $x_1, x_2, \ldots, x_n$ を以下の式に従って順に決定する．

$$x_i = \begin{cases} 1, & w_i \le c - \sum_{k=1}^{i-1} w_k \\ 0, & \text{それ以外} \end{cases} \tag{8.3}$$

この貪欲法では得られた近似値が最適値の 1/2 倍以上であることを保証できる．ある KP の問題例 I に対する最適値を $OPT(I)$ と書き，同じ問題例 I に貪欲法を適用して得られた近似値を $A(I)$ とする．ここでは，貪欲法で得られる近似値 $A(I)$ と最も価値の高い荷物だけを詰めて得られる近似値 $\max_{i=1,2,\ldots,n} p_i$ の大きい方を考える．

$$A'(I) = \max\left\{ A(I),\ \max_{i=1,2,\ldots,n} p_i \right\} \tag{8.4}$$

KP では各変数 x_i の整数条件を $0 \le x_i \le 1$ に緩和して得られる**線形計画**（LP）緩和問題は簡単に解ける．荷物 i^* が $\sum_{i=1}^{i^*-1} w_i \le c$ かつ $\sum_{i=1}^{i^*} w_i > c$

を満たすとする．このとき，LP 緩和問題の最適解は，

$$x_i = \begin{cases} 1, & i = 1, \ldots, i^* - 1 \\ \dfrac{c - \sum_{i=1}^{i^*-1} w_i}{w_{i^*}}, & i = i^* \\ 0, & i = i^* + 1, \ldots, n \end{cases} \tag{8.5}$$

と与えられる．この解の値を $LP(I)$ とすると，$OPT(I) \leq LP(I)$ が成り立つ．また，$p_{i^*} \leq \max_{i=1,2,\ldots,n} p_i$ と $x_{i^*} = (c - \sum_{i=1}^{i^*-1} w_i)/w_{i^*} \leq 1$ を用いて，

$$\begin{aligned} LP(I) &= \sum_{i=1}^{i^*-1} p_i + \frac{c - \sum_{i=1}^{i^*-1} w_i}{w_{i^*}}\ p_{i^*} \\ &\leq A'(I) + \max_{i=1,2,\ldots,n} p_i \\ &\leq 2A'(I) \end{aligned} \tag{8.6}$$

が得られる．よって，どのような問題例 I に対しても

$$A'(I) \geq \frac{1}{2} OPT(I) \tag{8.7}$$

が成り立つ．すなわち，貪欲法による近似値と，最も価値の高い荷物だけを詰めて得られる近似値の大きい方の値 $A'(I)$ が，最適値 $OPT(I)$ の 1/2 倍以上になることが証明できた．

どんな問題例に対しても，最小化問題であれば最適値の r 倍以下の近似値を，最大化問題であれば最適値の $1/r$ 倍以上の近似値を得る保証をもつ近似解法を，**性能比率**（performance ratio）r をもつ近似解法という．また，すべての問題例を想定して，最悪の場合の近似解法の性能を評価することを**最悪値解析**（worst case analysis）という．

この貪欲法は，単位重さ当たりの価値 p_i/w_i の非増加順に荷物を並べ替えるので，$O(n \log n)$ 時間要するように思われる．しかし，$\sum_{i=1}^{i^*-1} w_i \leq c$ かつ $\sum_{i=1}^{i^*} w_i > c$ を満たす荷物 i^* を見つければ，荷物を並べ替えなくても貪欲法を実現できることがわかる．これは，中央値を求めるアルゴリズムを用いて $O(n)$ 時間で実現できることが知られている．

次に KP に対する動的計画法を考える．動的計画法の特徴は，自明な部分問題からはじめて順次大きな部分問題を解く点にある．KP の場合は荷物 $1, 2, \ldots, k$ だけを使いナップサックに詰め込める荷物の重さの上限を θ（θ は非負整数）

と制限した以下の部分問題を考え，この部分問題に対する最適値を $f(k,\theta)$ とする．

$$\begin{array}{ll} \text{最大化} & f(k,\theta)=\sum_{i=1}^{k} p_i x_i \\ \text{制約条件} & \sum_{i=1}^{k} w_i x_i \le \theta \\ & x_i \in \{0,1\}, \quad i=1,2,\ldots,k \end{array} \tag{8.8}$$

この部分問題を再帰的に解くことを考える．$k=1$ の場合は，$f(1,\theta), \theta = 0,1,\ldots,c$ の最適値は自明であり，

$$f(1,\theta)=\begin{cases} 0, & \theta < w_1 \\ p_1, & \theta \ge w_1 \end{cases} \tag{8.9}$$

と計算できる．$k=i$ の場合は，$k=1,\ldots,i-1$ までの $f(k,\theta), \theta=0,1,\ldots,c$ の最適値が求まっていれば，以下の再帰式を用いて $f(i,\theta)$ の最適値が計算できる．

$$f(i,\theta)=\begin{cases} f(i-1,\theta), & \theta < w_i \\ \max\{f(i-1,\theta), f(i-1,\theta-w_i)+p_i\}, & \theta \ge w_i \end{cases} \tag{8.10}$$

IKP についても上記の手続きとほぼ同じ要領で解くことができる．

このアルゴリズムは各部分問題を定数時間で計算できるので，全体として $O(nc)$ 時間で KP の最適解を求めることができる．この計算時間は一見すると入力サイズの多項式関数に見えるが，実はナップサックに詰め込める荷物の重さの上限 c の正確な入力サイズは c ではなく $\lceil \log_2 c \rceil$ である．$\lceil \log_2 c \rceil$ を β とおくと動的計画法の計算時間は $O(n2^{\beta})$ 時間となり，入力サイズの指数関数である．ちなみに，このようなアルゴリズムは**擬多項式時間アルゴリズム** (pseudo-polynomial time algorithm) という．

ナップサックに詰め込める荷物の重さの上限 c がそれほど大きくなければ，動的計画法を用いて KP は簡単に解ける．しかし，重さ上限 c が大きいと計算時間が増大してしまい実用的ではなくなる．1 つのアプローチとしては，ナップサックに詰め込める荷物の重さの上限 c と荷物の重さ $w_1, w_2, \ldots, w_n$ をすべて定数 K で割り，小数部分を切り捨てて丸めた上で動的計画法を適用するという方法が考えられる．この方法を用いると計算時間を $1/K$ 倍に減らすことができるが，一方で誤差が生じるので厳密な最適解は得られない．しかし，あ

らかじめ与えたパラメータ $\varepsilon > 0$ に対して，

$$K = \frac{\varepsilon A'(I) + \max_{i=1,2,\ldots,n} p_i}{n} \tag{8.11}$$

とし，上記の方法を適用して得られる近似値を $A(I, \varepsilon)$ とすると，

$$A(I, \varepsilon) \geq (1 - \varepsilon) OPT(I) \tag{8.12}$$

が成り立ち，この動的計画法は $O(n^2/\varepsilon)$ 時間で実現できることが知られている（詳細については文献 101) を参照）．よって，この近似解法の計算時間は $O(n^2/\varepsilon)$ 時間であり，計算に必要な領域も同じである．このように，与えられたパラメータ $\varepsilon > 0$ に対して性能比率 $1 - \varepsilon$（最小化問題ならば $1 + \varepsilon$）をもち，時間・領域計算量がともに入力サイズ n および $1/\varepsilon$ の多項式関数で表すことができるアルゴリズムを**全多項式時間近似スキーム**（fully polynomial time approximation scheme ; FPTAS）という．

KP は $\mathcal{NP}$ 困難ではあるが，分枝限定法や動的計画法を用いて $n = 10000$ の大規模な問題例でも短時間で解くことができる．KP については，文献 81, 106) が詳しい．また，3.2 節も参照されたい．

● 8.2 ●　ビンパッキング問題　●

最大で重さ c まで荷物を詰め込むことができる箱と荷物の集合 $N = \{1, 2, \ldots, n\}$ が与えられ，各荷物 j に対して重さ w_j が与えられる．このとき，すべての荷物を詰め合わせるのに必要な箱の数を最小にする問題を**ビンパッキング問題**（BPP）という．ここで，0–1 変数 x_{ij}, y_i をそれぞれ

$$x_{ij} = \begin{cases} 1, & \text{箱 } i \text{ に荷物 } j \text{ が入っている} \\ 0, & \text{箱 } i \text{ に荷物 } j \text{ が入っていない} \end{cases} \tag{8.13}$$

$$y_i = \begin{cases} 1, & \text{箱 } i \text{ を使用している} \\ 0, & \text{箱 } i \text{ を使用していない} \end{cases} \tag{8.14}$$

とおくと BPP は以下のとおりに定式化できる．

BPP

$$
\begin{array}{lll}
\text{最小化} & \sum_{i=1}^{n} y_i & \\
\text{制約条件} & \sum_{j=1}^{n} w_j x_{ij} \le c y_i, & i = 1, 2, \ldots, n \\
& \sum_{i=1}^{n} x_{ij} = 1, & j = 1, 2, \ldots, n \\
& y_i \in \{0, 1\}, & i = 1, 2, \ldots, n \\
& x_{ij} \in \{0, 1\}, & i = 1, 2, \ldots, n, j = 1, 2, \ldots, n
\end{array}
\tag{8.15}
$$

BPP は $\mathcal{NP}$ 困難であることが知られている[57]．

ここでは BPP に対するいくつかの近似解法について紹介する．まず，貪欲法に基づく簡単な解法を考える．

> **NF 法** (next-fit algorithm)
> 荷物を $1, 2, \ldots, n$ の順に箱に詰めていく．このとき，荷物 j を入れることによって箱に詰め込める荷物の重さの上限 c を超えてしまうなら，その箱を閉じて新たな箱を用意する．

> **FF 法** (first-fit algorithm)
> 荷物 j を入れることができる最小添字の箱に詰める．どの箱に入れても箱に詰め込める荷物の重さの上限 c を超えてしまうなら新たな箱を用意してそこに詰める．

FF 法において，荷物を最小添字の箱ではなく最も中身の詰まった箱に入れる方法もあり，これは **BF 法**（best-fit algorithm）という．

FF 法（BF 法）が性能比率 2 をもつことを以下に示す．ある BPP の問題例 I に対する最適値を $OPT(I)$，同じ問題例 I に近似解法を適用して得られた近似値を $A(I)$ とする．明らかに

$$
OPT(I) \ge \left\lceil \frac{\sum_{i=1}^{n} w_i}{c} \right\rceil \tag{8.16}
$$

が成り立つ．一方で，FF 法（BF 法）によって得られた解では，詰まっている荷物の重さの合計が重さ上限の半分以下となる箱は 2 つ以上存在しないので，

$$\sum_{i=1}^{n} w_i > \frac{c(A(I)-1)}{2} \tag{8.17}$$

が成り立つ．式(8.16)，(8.17)よりどんな問題例Iに対しても，

$$A(I) \leq 2OPT(I) \tag{8.18}$$

が成り立つ．すなわちFF法（BF法）が性能比率2をもつことが証明できた．

NF法についても，得られた解において連続する2つの箱に詰まっている荷物の重さの合計が，箱の重さ上限cより大きいことに着目すると，どんな問題例に対しても近似値が最適値の2倍以下になっていることを示せる．

Garey ら[56]はより詳細な解析を行い，BPPの任意の問題例Iに対してFF法（BF法）を適用して得られた近似値$A(I)$について，

$$A(I) \leq \left\lceil \frac{17}{10} OPT(I) \right\rceil \tag{8.19}$$

が成り立つことを示した．また，

$$A(I) > \frac{17}{10} OPT(I) - 2 \tag{8.20}$$

が成立する問題例Iの集合が存在することを示した．

また，あらかじめ荷物を重さの非増加順に並べ替えておいてからFF法を適用する方法は**FFD法**（first-fit decreasing algorithm）と呼ばれ，FF法よりもよい性能比率をもつことが知られている．BPPの任意の問題例Iに対してFFD法を適用して得られた近似値$A(I)$について，

$$A(I) \leq \frac{11}{9} OPT(I) + 4 \tag{8.21}$$

が成り立つ．また，

$$A(I) > \frac{11}{9} OPT(I) \tag{8.22}$$

が成立する問題例Iが存在する．

ここで紹介した近似解法は，実際には意地のわるい問題例でなければかなりよい精度の近似解を得ることができる．BPPには多くの近似解法とその性能解析に関する研究があり，文献29)が詳しい．また，BPPに対するメタヒューリスティックスは，文献4, 124)で，分枝限定法は，文献106, 134)でそれぞれ提案されている．

●8.3● 1次元資材切出し問題 ●

鉄鋼・製紙・繊維などの素材産業では，生産した大きな板材（母材）をそのまま市場に提供することはまれであり，顧客の注文に応じて母材から様々な大きさの板材を製品として切り出す必要がある．このとき，使用する母材の本数が最小となる切出し計画を求める問題は**1次元資材切出し問題**（1DCSP）という（図8.1）．

長さLの母材と製品の集合$M = \{1, 2, \ldots, m\}$が与えられ，各製品iに対して長さl_iと注文数d_iが与えられる．まず，カッティングパターン（以降，パターンと呼ぶ）と呼ばれる1本の母材から切り出される製品の組合せを考える．パターン$\boldsymbol{p}_j$に含まれる製品iの数をa_{ij}とすると，各パターン$\boldsymbol{p}_j = (a_{1j}, a_{2j}, \ldots, a_{mj})$が満たすべき条件は以下のとおりに書ける．

$$\sum_{i=1}^{m} a_{ij} l_i \leq L \tag{8.23}$$

例えば，長さ$L = 100$の母材から長さ$l_1 = 36$の製品1本と，長さ$l_2 = 31$の製品2本を切り出すパターンは$(1, 2, 0, \ldots, 0)$と表せて条件(8.23)を満たす．

ここで，条件(8.23)を満たすすべてのパターンを列挙したものを$\boldsymbol{p}_1, \boldsymbol{p}_2, \ldots, \boldsymbol{p}_n$として，各パターン$\boldsymbol{p}_j$を切り出す回数を変数$x_j$を用いて表すと，1DCSPは以下に示す整数計画問題（IP）として定式化できる．

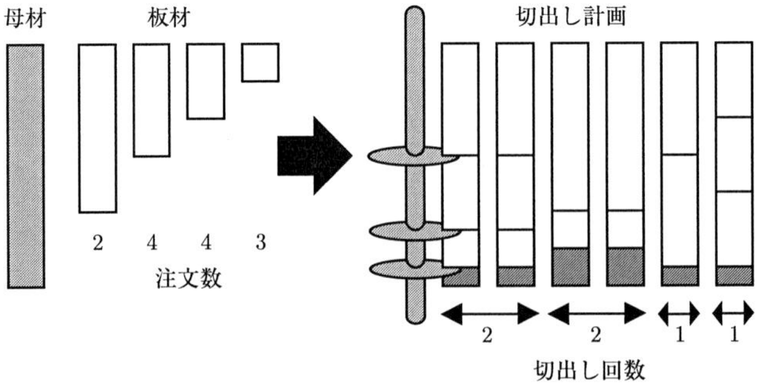

図8.1 1DCSPの例

1DCSP

$$
\begin{array}{lll}
\text{最小化} & \sum_{j=1}^{n} x_j & \\
\text{制約条件} & \sum_{j=1}^{n} a_{ij}x_j \geq d_i, & i = 1, 2, \ldots, m \\
 & x_j \text{は非負整数}, & j = 1, 2, \ldots, n
\end{array}
\tag{8.24}
$$

1DCSP は BPP の一般化であり，各製品 i の注文数 d_i が十分大きければ 1DCSP，逆に各製品 i の注文数 d_i が十分に小さければ BPP とみなして解くのが適当である．

実際に解きたいのは IP であるが，各製品 i の注文数 d_i が十分大きければ各変数 x_j の整数条件を $x_j \geq 0$ に緩和して得られる LP 緩和問題を解いて，得られた緩和解を整数値に丸めることで精度のよい近似解を求めることができる．しかし，製品の種類数 m が比較的小さい場合でも，条件 (8.23) を満たすパターンの総数 n は莫大になるため，これらすべてのパターンを列挙してから解いたのでは，高速な LP ソルバを用いても現実的な計算時間で緩和解を求めることは困難である．例えば，長さが $L = 200$ の母材から長さが $l_i = 20 \sim 40$ の 40 種類の製品を切り出すとき，条件 (8.23) を満たすパターンの総数は 1 千万～1 億程度になる．

この LP 緩和問題に対して Gilmore と Gomory[60, 61] は，すべてのパターン $\boldsymbol{p}_1, \boldsymbol{p}_2, \ldots, \boldsymbol{p}_n$ をあらかじめ列挙した問題を考えるのではなく，少数の k 本のパターンからなる部分問題を考えて，現在の部分問題の最適解を改善する見込みのあるパターンを 1 本生成・追加しては改訂単体法を適用するという手続きを反復する列生成法を提案した．

まず，初期実行可能解を見つけることを考える．長さ l_i の製品 $\lfloor L/l_i \rfloor$ 本だけからなるパターン $(0, \ldots, 0, \lfloor L/l_i \rfloor, 0, \ldots, 0)$ を $\boldsymbol{p}_i$ と定めれば，パターン $\boldsymbol{p}_1, \boldsymbol{p}_2, \ldots, \boldsymbol{p}_m$ からなる行列は LP 緩和問題に対する実行可能な基底行列となる．したがって以下では，パターン $\boldsymbol{p}_1, \boldsymbol{p}_2, \ldots, \boldsymbol{p}_k$, $k \geq m$ に対する LP 緩和問題の最適基底解が得られていると仮定して，そこに新たなパターン $\boldsymbol{p}'$ を加える場合を考える．この LP 緩和問題に対する双対問題は双対変数 y_i を用いて，

$$
\begin{array}{lll}
\text{最大化} & \sum_{i=1}^{m} d_i y_i & \\
\text{制約条件} & \sum_{i=1}^{m} a_{ij} y_i \leq 1, & j = 1, 2, \ldots, k \\
 & y_i \geq 0, & i = 1, 2, \ldots, m
\end{array}
\tag{8.25}
$$

と表されて各パターン $\boldsymbol{p}_1, \boldsymbol{p}_2, \ldots, \boldsymbol{p}_k$ はこの双対問題の制約条件に対応する．この問題の最適基底解を $\boldsymbol{y}^* = (y_1^*, y_2^*, \ldots, y_m^*)$ とする．ここで，$\sum_{i=1}^{m} y_i^* a_i' > 1$ を満たすパターン $\boldsymbol{p}' = (a_1', a_2', \ldots, a_m')$ に対応する制約条件を追加すると双対問題の実行可能領域が狭まるため，パターン $\boldsymbol{p}'$ を加えて得られる新たな双対問題の最適値は元の双対問題の最適値より小さくなる（図 8.2）．強双対定理より LP 緩和問題とその双対問題の最適値は一致するため，パターン $\boldsymbol{p}'$ を加えて得られる新たな LP 緩和問題の最適値も，元の LP 緩和問題の最適値より小さくなることがわかる．

ここで，一見するとまだ追加されていないすべてのパターン $\boldsymbol{p}_j \in \{\boldsymbol{p}_{k+1}, \boldsymbol{p}_{k+2}, \ldots, \boldsymbol{p}_n\}$ に対して，$\sum_{i=1}^{m} y_i^* a_{ij}$ を計算しなければ現在の実行可能解を改善するパターンが見つからないように思われる．しかし，以下の IKP

$$
\begin{array}{ll}
\text{最大化} & \sum_{i=1}^{m} y_i^* a_i' \\
\text{制約条件} & \sum_{i=1}^{m} l_i a_i' \leq L \\
 & a_i' \text{は非負整数}, \quad i = 1, 2, \ldots, m
\end{array}
\tag{8.26}
$$

を解くことでこの計算が実現できる．すなわち，IKP の最適解 $\boldsymbol{p}^* = (a_1^*, a_2^*, \ldots, a_m^*)$ が，$\sum_{i=1}^{m} y_i^* a_i^* \leq 1$ を満たせば，$\boldsymbol{p}_{k+1}, \boldsymbol{p}_{k+2}, \ldots, \boldsymbol{p}_n$ のいずれのパターンを加えても 1DCSP の LP 緩和問題の最適値を改善できないことがわかる．逆に，$\sum_{i=1}^{m} y_i^* a_i' > 1$ を満たす IKP の実行可能解 $\boldsymbol{p}' = (a_1', a_2', \ldots, a_m')$ が 1 つでもあれば，それを加えることで 1DCSP の LP 緩和問題の最適値を改善できる．

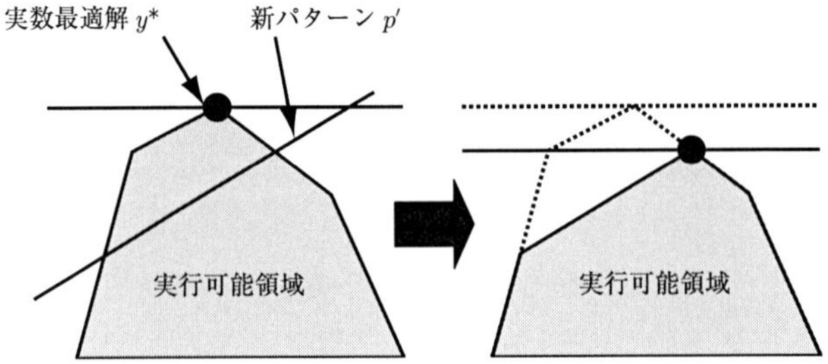

図 8.2　列生成法による新たなパターンの追加

列生成法によって新たに生成されるパターンの総数は改訂単体法の反復回数と同程度なので，多くの場合は製品の種類数 m の数倍程度で抑えられる．1DCSP に対する列生成法の実装については，文献 27) が詳しい．LP 緩和問題を解いて得られる下界値と整数最適値とのギャップに関する解析は，文献 133, 164) が詳しい．また，整数最適解を求める分枝カット法は，文献 156, 158) で提案されている．

近年では単に使用する母材の本数を最小化するだけではなく，切出し工程の段取り替え作業に伴う費用や，切り出された製品を一時的に積み上げておく空間の削減が重要な問題として注目されつつある．これらの問題に対するアプローチについては文献 150) が詳しい．

図 8.3, 8.4 に，製品が 38 種類の 1 次元資材切出し問題に対して，文献 60, 61) の列生成法に基づく線形計画法と，文献 152) の段取り替えの削減を同時に実現する局所探索法をそれぞれ適用して得られる切出し計画を示す．図中の列が各パターンを，その幅が各パターンの切出し回数をそれぞれ表している．図 8.3, 8.4 の切出し計画における使用母材の本数はそれぞれ 405.922（実数最適値），410 であり，後者では段取り替えを考慮しているにもかかわらず使用母材の増加は最適値の 1% 以内に抑えられている．一方で，パターン数はそれぞれ 38, 12 であり，文献 152) の局所探索法を用いることで，使用母材をそれほど増やすことなく段取り替え回数を大幅に削減できることが確かめられる．

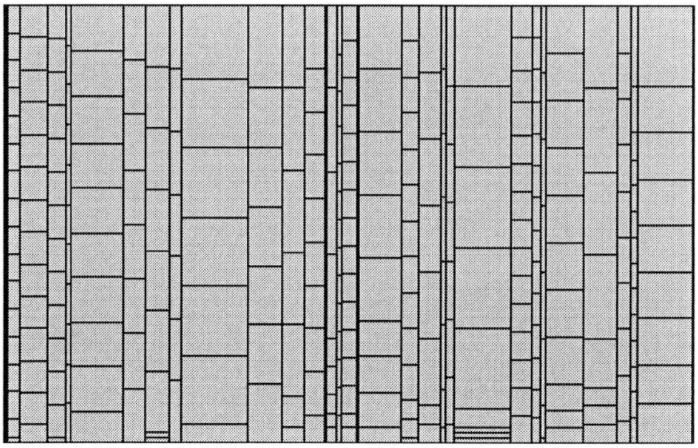

図 8.3　列生成法に基づく線形計画法による切出し計画の例（パターン数 38）

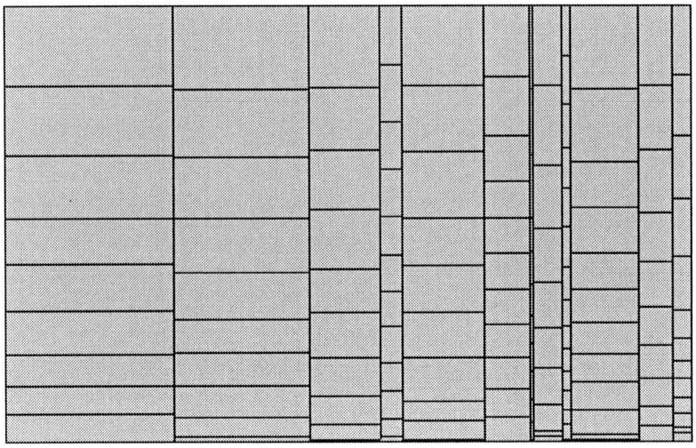

図 8.4　局所探索法による段取り買えを考慮した切出し計画の例（パターン数 12）

● 8.4 ●　長方形詰込み問題　●

長方形詰込み問題は，様々な大きさの長方形（製品）を 2 次元平面（母材）上に重なりがないように配置する問題であり，素材産業の切出し問題に加えて，VLSI 設計におけるモジュールの配置を決定する問題や，物流のパレット積込み問題など多くの現実問題と密接な関わりをもつことが知られている．

まず，標準的な長方形詰込み問題を考える．幅 W と高さ H の大きさをもつ長方形の母材が 1 つと長方形の製品の集合 $N = \{1, 2, \ldots, n\}$ が与えられ，各製品 i に対して幅 w_i と高さ h_i が与えられる．このとき，以下の 2 つの制約条件を満たす各製品 i の左下隅の座標 (x_i, y_i) を求める．ただし，ここでは製品の回転は許されないものとする（図 8.5）．

（条件 1）　製品 i は母材からはみ出さないように配置する

この制約条件は製品 i に対して以下の 2 つの不等式がともに成立することと等価である．

$$0 \leq x_i \leq W - w_i \tag{8.27}$$

$$0 \leq y_i \leq H - h_i \tag{8.28}$$

（条件 2）　製品の対 i，j は互いに重ならない

この制約条件は，製品の対 i，j に対して以下の 4 つの不等式のうち少

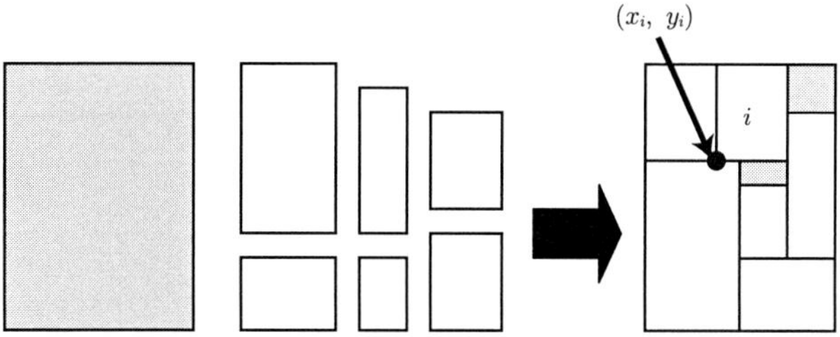

図 **8.5** 長方形詰込み問題の例

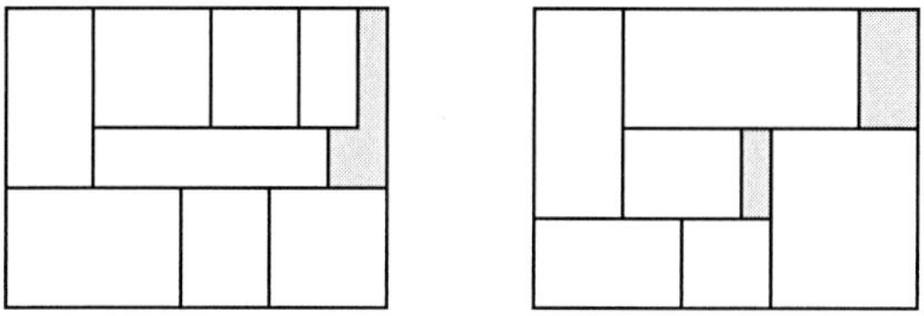

図 **8.6** ギロチンカット（左）とそうでない例（右）

なくとも 1 つ以上が成立することと等価である．

$$x_i + w_i \leq x_j \tag{8.29}$$

$$x_j + w_j \leq x_i \tag{8.30}$$

$$y_i + h_i \leq y_j \tag{8.31}$$

$$y_j + h_j \leq y_i \tag{8.32}$$

式 (8.29) は製品 i が製品 j の左にあるということを表す．同様に式 (8.30), (8.31)，(8.32) は製品 i が製品 j の右，下，上にあることをそれぞれ表す．

長方形詰込み問題では長方形の回転と母材の切り方に関する制約がある．布地のように布目，模様，裏表のある素材では製品の自由な回転は許されず，また切出しを行う機械の制限から 90 度回転のみ許される場合が多い．母材の切り方については，やはり切出しを行う機械の制限から母材の端から端まで途中で止まることなく直線的に切断することのみが許される場合が多い．例えば，図 8.6（右）のような配置は実現不可能となる．この制約はギロチンカット（guillotine cut）制約という．

長方形詰込み問題のバリエーションには KP，BPP，1DCSP をそれぞれ 2 次元平面に拡張した問題として 2 次元ナップサック問題（2DKP），2 次元ビンパッキング問題（2DBPP），2 次元資材切出し問題（2DCSP）がある．このほかの長方形詰込み問題のバリエーションにはストリップパッキング問題，面積最小化問題，パレット積込み問題などがある．

ストリップパッキング問題（strip packing problem）
幅 W（固定），高さ H（可変）の母材と製品の集合 $N = \{1, 2, \ldots, n\}$ が与えられ，各製品 i に対して幅 w_i と高さ h_i が与えられる．このとき，すべての製品を母材上に重なりなく配置するという制約の下で，母材の必要な高さ H が最小となる製品の配置を求める．

母材の高さ H を変数と考えるとストリップパッキング問題は以下のとおりに定式化できる．

ストリップパッキング問題

$$
\begin{array}{lll}
\text{最小化} & H & \\
\text{制約条件} & 0 \le x_i \le W - w_i, & i = 1, 2, \ldots, n \\
& 0 \le y_i \le H - h_i, & i = 1, 2, \ldots, n \\
& \text{製品 } i,\ j \text{ は互いに重ならない}, & i = 1, 2, \ldots, n,\ j = 1, 2, \ldots, n
\end{array}
\tag{8.33}
$$

図 8.7 にストリップパッキング問題の例を示す．ストリップパッキング問題は長方形詰込み問題で最もさかんに研究されている問題であり，本節ではこの問題に対する解法を中心に紹介する．

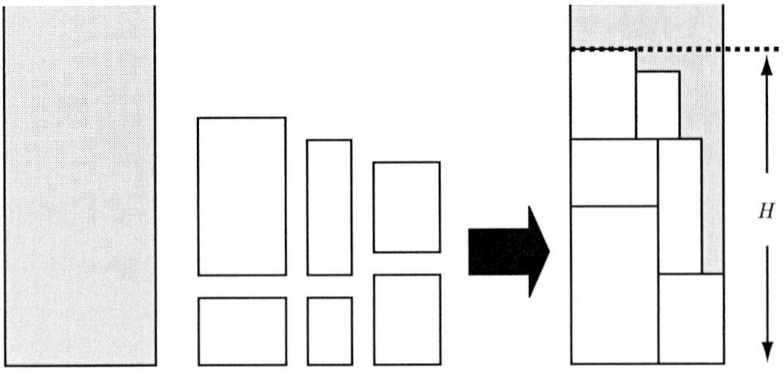

図 **8.7**　ストリップパッキング問題の例

面積最小化問題 (area minimization problem)
幅 W，高さ H（ともに可変）の母材と製品の集合 $N = \{1, 2, \ldots, n\}$ が与えられ，各製品 i に対して幅 w_i と高さ h_i が与えられる．このとき，すべての製品を母材上に重なりなく配置するという制約の下で母材の必要な面積 WH が最小となる製品の配置を求める．

面積最小化問題

最小化	WH	
制約条件	$0 \le x_i \le W - w_i,$	$i = 1, 2, \ldots, n$
	$0 \le y_i \le H - h_i,$	$i = 1, 2, \ldots, n$
	製品 i, j は互いに重ならない,	$i = 1, 2, \ldots, n, \ j = 1, 2, \ldots, n$

(8.34)

パレット積込み問題 (pallet loading problem)
幅 W，高さ H の母材と幅 w，高さ h という同一の大きさをもつ製品が複数与えられる．製品を 90 度回転のみ許して母材上に重なりなく配置するという制約の下で，母材上に配置できる製品数が最大となる製品の配置を求める．

長方形詰込み問題のバリエーションの多くは $\mathcal{NP}$ 困難であり，実用的な規模の大きさの例題に対して厳密な最適解を短時間で求めることは難しい．そこで，いくつかの近似解法について解説する．ただし，最近では計算機とアルゴリズムの進歩により，比較的大きな規模の例題であっても厳密な最適解が求まる場合もある（詳しくは文献 82, 107, 109) を参照).

1 つの自然なアプローチは BPP に対する近似解法を適用する方法である．Coffman ら[28]) は NF 法や FF 法などの貪欲法に基づく解法を提案して理論的な解析を行った．図 8.8 はこれらの解法で 1〜6 の長方形が番号順に詰め込まれたようすを表している．1 や 3（および (a) の 5）という左端にある長方形が各レベルの高さを決定しており，各レベルでは長方形を横一直線に左詰めに配置するため総称して**レベル法** (level algorithm) という．レベルが BPP にお

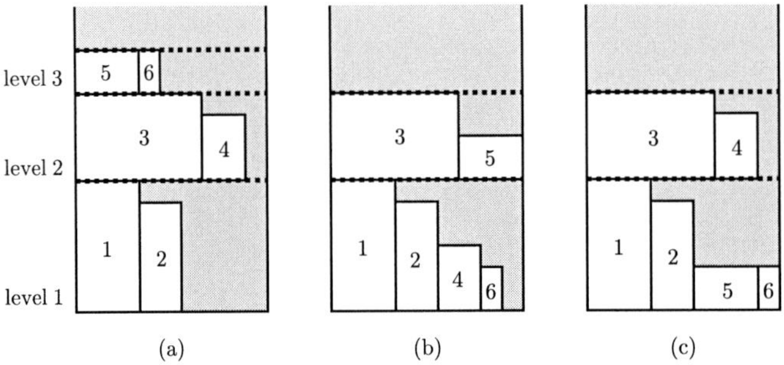

図 **8.8** レベル法の例
(a)NF 法，(b)FF 法，(c)BF 法

ける箱に対応しており，例えばFF 法の場合，次に配置する製品がどのレベルにも入らなければ，それを用いて新しいレベルを生成する．

これらの解法は，あらかじめ製品を高さの非増加順に並べ替えておいてからNF 法，FF 法，BF 法を適用するため，それぞれ **NFDH 法**（next-fit decreasing height algorithm），**FFDH 法**（first-fit decreasing height algorithm），**BFDH 法**（best-fit decreasing height algorithm）と呼ばれ，手続きの単純さや解析の容易さなどの優れた点がある．例えば，NFDH 法の場合は，製品数 n とすると高さの非増加順に並べ替えるために $O(n \log n)$ 時間要するが，実際に詰め込む手続きは $O(n)$ 時間で実現可能である．また，この解法で得られる解の高さは最適解の高さの 3 倍（正確には 2 倍 $+ \max_{i=1,2,\ldots,n} h_i$）以下という保証もある．しかし，一方で各レベルの右上の部分に無駄な領域が生じやすく，実用面を考えるとこのままでは使い物にならないという欠点もある．Lodi ら[103] はこの無駄な領域を有効に活用することで実用的にも精度の高い解法を提案している．

もう 1 つの自然なアプローチとしては，製品をあらかじめ決められた順番に従ってできる限り左下隅に詰め込む方法である．Baker ら[8] ははじめに製品に順序を付け，この順に従って製品を 1 つずつなるべく下に，同じ高さであればできるだけ左に詰め込むという **BL 法**（bottom left algorithm）を提案した（図 8.9）．この解法は $O(n^3)$ 時間で実現可能で得られる解の高さは，最適解の高さの 3 倍以下というのが最悪の場合の見積りであるが，多くの問題例に対

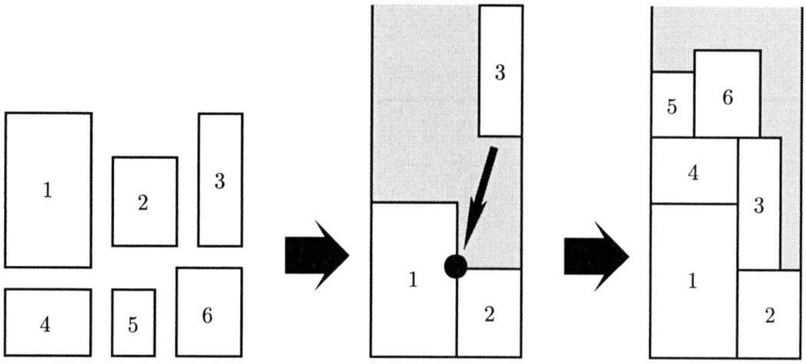

図 **8.9**　BL 法の例

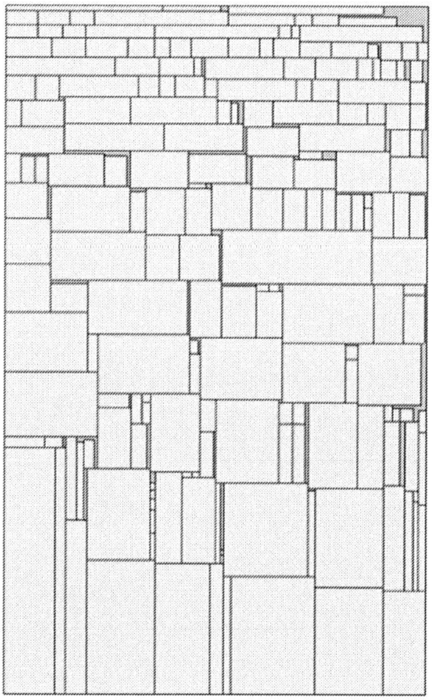

図 **8.10**　長方形ストリップパッキング問題の近似解（製品数 195）

して $O(n^2)$ 時間で最適解との誤差が 20% 以内の高さの解を出力する．また，この解法では製品の番号付けが解の善し悪しを決定するが，面積の大きい順といった簡単な基準やメタヒューリスティックスを用いて，よい番号付けを探索することでより精度の高い解を見つけることができる．

図 8.10 に 195 個の長方形を母材上に配置するストリップパッキング問題に対

して，長方形を高さの降順に整列した後にBL法をPC（Pentium M 1.2 GHz）上で実行した結果を示す．図8.10では充填率97.95%の配置計画が1秒足らずの計算時間で求められている．

長方形詰込み問題はこのほかにも多種多様なアプローチが提案されており，文献70, 76, 77, 104)などが詳しい．

8.5 多角形詰込み問題

多角形詰込み問題（two-dimensional irregular stock cutting problem）*2)は，様々な形状・大きさの多角形（製品）を2次元平面（母材）上の領域に重なりなく配置する問題であり，自動車の板金型抜きや服飾のパターン切出しなど実用的な問題とも密接な関わりをもち，近年さかんに研究されている．

まず，標準的な多角形詰込み問題を考える．幅Wと高さHの大きさをもつ長方形（母材）Rと多角形（製品）$P_1, P_2, \ldots, P_n$が与えられる．ここで，多角形P_iは凸に限らないものとする．このとき，(1) 多角形P_iは長方形Rからはみ出さない，(2) 多角形の対P_i，P_jは互いに重ならないという2つの制約条件を満たす各多角形P_iの配置を決定する（図8.11）．

多角形詰込み問題は実際の工業上の応用からいくつかのバリエーションをも

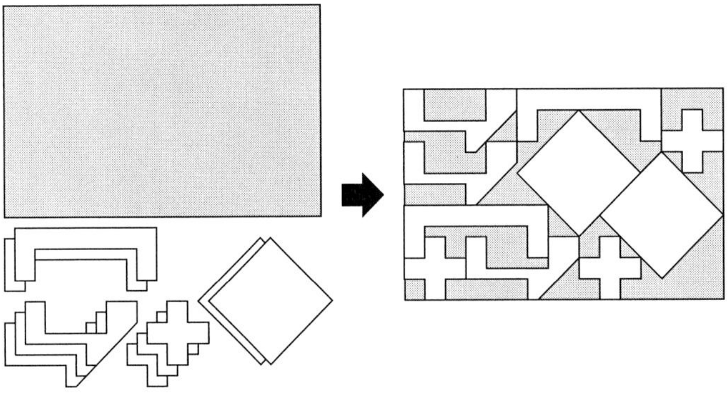

図8.11　多角形詰込み問題の例

*2) 多角形詰込み問題はnesting problem, polygon packing, polygon containment, two-dimensional irregular cutting/packing problemなど多くの名前をもつ．

つ．例えば，布地のように布目，模様，裏表のある素材では原則的に製品の自由な回転や反転は許されない（180 度回転のみ許される場合が多い）．一方で，ガラスや皮革は方向をもった素材ではないので，製品の自由な回転が許される．皮革は 1 枚の母材にすべての製品が入りきらないため，使用する母材の枚数を最小化する BPP となる．一方で，布地や金属は母材が十分な幅をもつため，必要となる母材の幅を最小化するストリップパッキング問題となる．また，これらの応用では製品がすべて異なる形状をもつことはまれで，限られた種類の形状の製品を複数個切り出すことを求められる場合が多い．

多角形詰込み問題に対する効率よい解法を設計するには，多角形の対 P，Q が与えられた際に，それらが重なっているかどうかを高速に判定する必要がある．多角形の自由な回転を許さない場合には，**NFP**（no-fit polygon）と呼ばれるデータ構造がこの目的に使われることが多い．与えられた多角形の対 P，Q について，それぞれ座標系の任意の点を参照点として多角形を参照点からの相対位置で表すものとする．P の配置を参照点が原点にくるように固定したときに，P と Q が重なりをもつような Q の参照点の位置全体を $\mathrm{NFP}(P,Q)$ と表す．

NFP は計算幾何におけるミンコフスキー差（Minkowski difference）と等価であることが知られており，多角形の対 P，Q がともに凸であれば，$\mathrm{NFP}(P,Q)$ は Q を P と接するように平行移動させたときに Q の参照点が通る軌跡とその内部領域となる（図 8.12）．多角形 P と Q を重ならないように配置するには，Q の参照点が $\mathrm{NFP}(P,Q)$ の境界上か外部にあるように Q を配置すればよい．

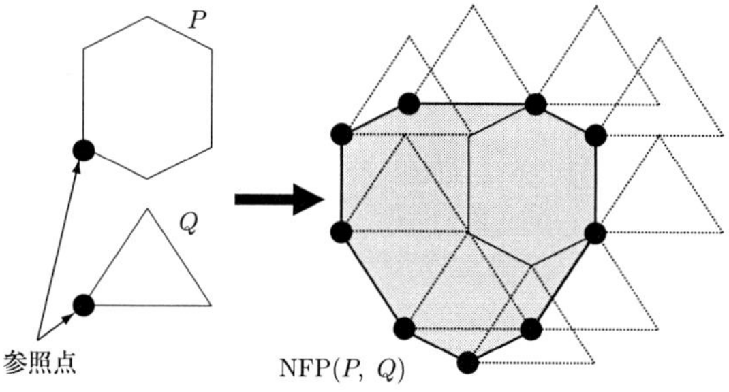

図 **8.12**　NFP の例

また，多角形 P が母材 R からはみ出すかどうかは，母材の外部 $\bar{R}$ に対して $\mathrm{NFP}(\bar{R}, P)$ を求めて P の参照点が $\mathrm{NFP}(\bar{R}, P)$ に含まれるかどうかを調べればよい．

NFP は単に与えられた 2 つの多角形の重なりを判定するだけではなく，2 つの多角形が互いに接する配置を求められるという利点をもつ．しかし，NFP は多角形の回転や反転を扱えないため，多角形の回転や反転を考慮した問題では，回転や反転をさせた多角形のすべての組合せに対してそれぞれ NFP を計算する必要がある．NFP の計算方法については文献 20, 33) が詳しい．

長方形詰込み問題と同様に，多角形詰込み問題でも多角形を与えられた順にできるだけ左下隅に詰め込む BL 法がよく用いられる．多角形詰込み問題でも，NFP を用いて多角形を左にも下にも動かせない配置を求めることができる．これから配置する多角形を P_i とする．母材の外部 $\bar{R}$ に対する $\mathrm{NFP}(\bar{R}, P_i)$ の補領域 $\overline{\mathrm{NFP}(\bar{R}, P_i)}$ は，多角形 P_i が母材 R からはみ出さない配置の集合を表している．$\overline{\mathrm{NFP}(\bar{R}, P_i)}$ からすでに配置済みの各多角形 P_j に対する $\mathrm{NFP}(P_j, P_i)$ の和を差し引いた領域は，多角形 P が母材からはみ出さず，いずれの多角形とも重ならない配置の集合となる（図 8.13）．求める配置はこの領域の頂点集合に含まれるので，各頂点に多角形 P_i の参照点を配置して P_i を左にも下にも動かせないかどうか判定すればよい．

BL 法では多角形の詰込み順が解の善し悪しを決定するが，面積の大きい順といった簡単な基準や，メタヒューリスティックスを用いてよい詰込み順を探索することによって，より精度の高い解を見つけることができる．ただし，新

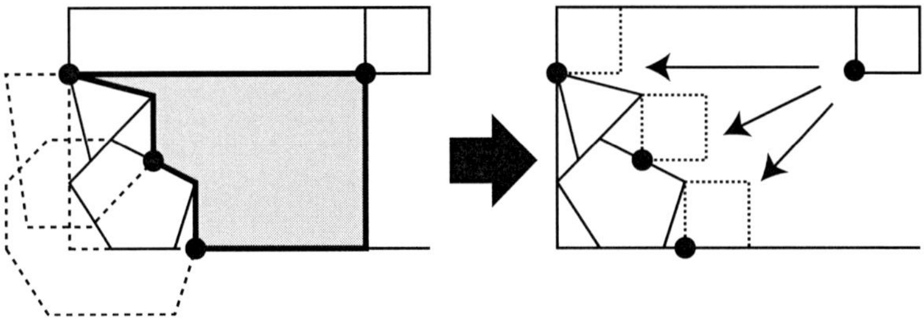

図 8.13　NFP を用いた BL 法の実現

たな詰込み順の解を評価するたびに多くの多角形を配置し直す必要があるため，メタヒューリスティックスのように多くの解を評価する手法では多くの計算時間を要するという問題点がある．NFP を用いた BL 法については，文献 37, 63, 122) が詳しい．

多角形詰込み問題ではこのほかにも数理計画法を用いた手法が提案されている．文献 102) では，熟練者が作成した配置計画を微少に修正して歩留りを改善する問題を LP として定式化している．多角形 P_i，P_j の現在の配置を $\boldsymbol{v}_i$，$\boldsymbol{v}_j$，加える修正を $\Delta\boldsymbol{v}_i$，$\Delta\boldsymbol{v}_j$ とする．このとき，P_i と P_j が重ならないという条件は $\mathrm{NFP}(P_i, P_j)$ の補領域 $\overline{\mathrm{NFP}(P_i, P_j)}$ を用いて

$$(\boldsymbol{v}_j + \Delta\boldsymbol{v}_j) - (\boldsymbol{v}_i + \Delta\boldsymbol{v}_i) \in \overline{\mathrm{NFP}(P_i, P_j)} \tag{8.35}$$

と表すことができる．しかし，$\overline{\mathrm{NFP}(P_i, P_j)}$ は凸ではないため，このままでは連立線形不等式として表すことはできない．そこで，文献 102) では加える修正の範囲を現在の配置 $\boldsymbol{v}_j - \boldsymbol{v}_i$ を含む凸領域 $S_{ij}(\boldsymbol{v}_j - \boldsymbol{v}_i) \subseteq \overline{\mathrm{NFP}(P_i, P_j)}$（図 8.14）に制限して，$P_i$ と P_j が重ならないという条件を連立線形不等式として表している．

補領域 $\overline{\mathrm{NFP}(P_i, P_j)}$ を複数の凸領域に分割し，参照点 $\boldsymbol{v}_j - \boldsymbol{v}_i$ が分割された凸領域のいずれか 1 つに属することを表す 0–1 変数を導入すると，多角形詰込み問題は MIP として定式化できる（非凸多角形の凸分割については文献 80) を参照）．しかし，この方法では実用的な規模の問題例を効率よく解くことは困難である．最近では，メタヒューリスティックスを用いて各多角形の大まか

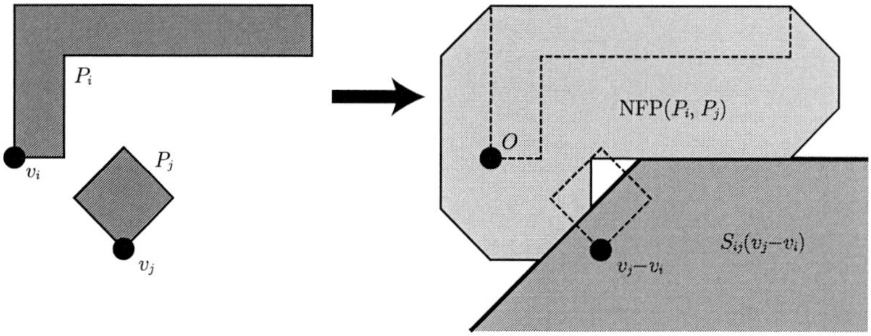

図 **8.14**　$\mathrm{NFP}(P_i, P_j)$ 外部の凸領域 $S_{ij}(\boldsymbol{v}_j - \boldsymbol{v}_i)$

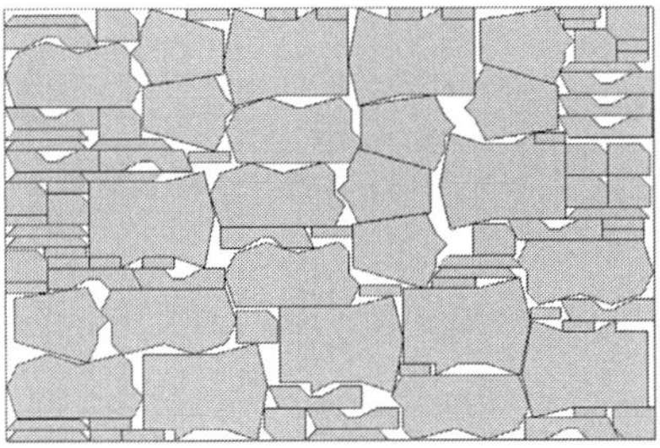

図 **8.15** 多角形ストリップパッキング問題の近似解（製品数 99）

図 **8.16** 多角形ストリップパッキング問題の近似解（製品数 48）

な配置を決めた後に，LP を用いて多角形同士の重なりや無駄な隙間がなくなるよう微調整する方法が提案されている[64]．

図 8.15，8.16 に，それぞれ 8 種類 99 個と 10 種類 48 個の部品からなるシャツと水着の型紙を布ロール上に配置する問題に対して，文献 154) で提案されているメタヒューリスティックスを PC（Intel Xeon 2.8 GHz）上で実行した結果を示す．図 8.15 では充填率 86.92%，図 8.16 では充填率 74.54% の配置計画がともに 1,200 秒の計算時間で求められている．文献 19, 40, 78, 154) では，実際の応用に近い 4〜25 種類，10〜99 個の多角形を扱うストリップパッキング問題に対して数値実験を行っており，熟練者と同程度の切出し計画を比較的短時間で求めている．

関連文献

本章では代表的な切出し・詰込み問題である KP，BPP，1DCSP，長方形詰込み問題，多角形詰込み問題についてそれぞれ代表的なアプローチを紹介した．切出し・詰込み問題全般については，文献 73, 76, 77, 150, 151) が詳しい．また，ここでは取り上げなかったが，切出し・詰込み問題には**円詰込み問題**（circle packing problem）[36, 135, 136, 163]，**コンテナ詰込み問題**（container loading problem）[14, 108, 128] などがあり，それぞれ VLSI 設計や物流を応用にもつ重要な問題である．

9 最適化問題に対する情報技術の適用

●9.1● 最近の動向について ●

1.5 節でも述べたように，数理計画問題などの最適化問題を解く際には計算機の利用は必須になっている．近年の PC の高速化，大容量化は大変目覚しく，計算性能で数 G（ギガ）Flops（1 秒間に数十億回の浮動小数点演算を行うこと），主メモリも数 GB に達し，PC 単体でも 1990 年代初頭のスーパーコンピュータ並みの性能をもっている（しかも数十万円以内で入手可能）．そのため単一の PC でも，優れたソフトウェアによって非常に大きな規模の最適化問題が高速に解けるようになっている．ただ注意すべきは，この高速化ではアルゴリズムとデータ構造の進歩も大きな役割を担っていることである．表 9.1 は 5.4 節で紹介した，半正定値計画問題（SDP）を解くためのソフトウェア SDPA[*1)]の比較実験の結果を示したものである．

SDPA は 1995 年からインターネットを通じて公開を行っている．表 9.1 には 1996 年にリリースされた SDPA 2.0.1 を用いて mcp500-1.dat-s（SDP のベンチマーク問題集 SDPLIB[*2)] に収録されている）を解いた場合の結果が含

表 9.1　SDPA 7.3.1 と SDPA 2.0.1 の比較実験：mcp500-1.dat-s

SDPA 7.3.1（2009 年）	SDPA 2.0.1（2009 年）	SDPA 2.0.1（1996 年）
1.7 秒（8 コア），3.9 秒（1 コア）	535.1 秒	133,892.5 秒

1996：SONY NEWS–5000WI，CPU MIPS R4400 133 MHz，memory 128 MB
2009：Dell PowerEdge 2900III，CPU Intel Xeon X5460 3.16 GHz，memory 48 GB

*1) http://homepage.mac.com/klabtitech/sdpa-homepage/index.html
*2) http://www.nmt.edu/~borchers/sdplib.html

まれているが，当時のワークステーション（SONY NEWS）で 133,892.5 秒（およそ 37.2 時間）の時間を要した．また SDPA 2.0.1 を現在のワークステーション（Dell PowerEdge 2900III）で実行して mcp500-1.dat-s を解いた場合には 535.1 秒で解いている．よって粗く計算すれば 1996～2009 年にかけて計算機の進歩によりソフトウェアが 133,892.5/535.1 ≈ 250.2 倍高速化されていることがわかる．また最新の SDPA 7.3.1 で mcp500-1.dat-s を解いた場合 3.9 秒で解くことができるので，アルゴリズムによる高速化も，同様に計算すると 535.1/3.9 ≈ 137.2 倍高速化されていることになる．よって同一の計算機で実行したことを考慮すると，計算機の高速化だけでなくアルゴリズムなどの高速化も主因の 1 つであると考えることができる．このようにソフトウェアの高速化には，計算機やアルゴリズムの高速化など様々な要因が関係していることがわかる．さらに SDPA 7.3.1 は後に解説するように，現在の CPU のマルチコアの特性を活かして並列計算を行うことが可能になっており，この場合では 1.7 秒（8 コアを同時に使用）で解くことが可能になる．並列計算というのは計算機とアルゴリズムの両方の進歩が重要なので，もはや計算機の高速化とアルゴリズムの高速化を分けて考えることは難しくなっている．

一般に並列計算技術の適用といっても，様々なレベルで様々な手法が混在しているのが現状である．そこで図 9.1 のように並列化を 3 つのレベルで分けて考えることにしよう．目的，規模，性能，予算などを考慮した適切な並列化の組合せを選択することが重要である．以下，本節では項目別に最近の動向について見ていこう．なお本章の 9.2 節はレベル 1 と 2 と 3，9.3 節はレベル 1 と 2，9.4 節はレベル 3 に関する話題である．

1) レベル 1：CPU 内部での並列化
マルチコアの CPU 上でマルチスレッドのアプリケーションを実行する．Intel の SSE 命令などの SIMD 演算機による高速化も含まれる

2) レベル 2：近い地域内（LAN）での並列化
いわゆるクラスタ計算機やスーパーコンピュータなどによる並列計算が含まれる

3) レベル 3：広域（WAN）での並列化
グリッド計算やクラウド計算および分散コンピューティングなどの技術

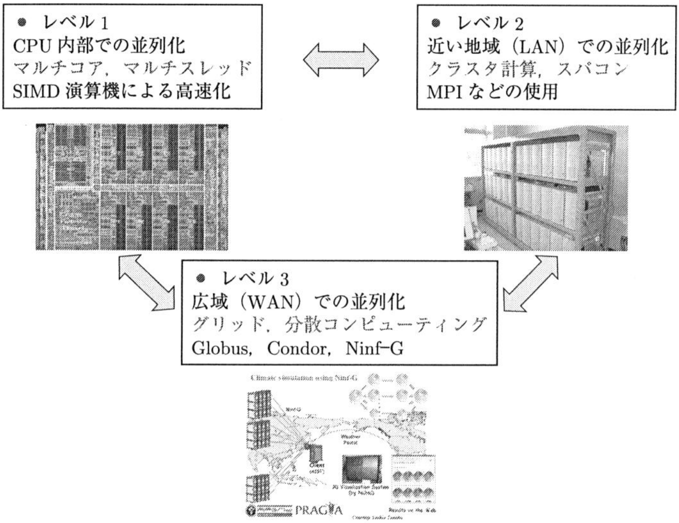
● レベル 1
CPU 内部での並列化
マルチコア，マルチスレッド
SIMD 演算機による高速化
● レベル 2
近い地域（LAN）での並列化
クラスタ計算，スパコン
MPI などの使用
● レベル 3
広域（WAN）での並列化
グリッド，分散コンピューティング
Globus，Condor，Ninf-G

図 9.1　並列化の 3 つのレベル

を用いる

計算機や通信技術はその登場以来，常に進化を遂げていることはよく知られている．つまり計算性能は上がり続け，ネットワークの通信速度も高速になっている．しかしこれまでの歴史を振り返ってみると，その進化があるレベルに達すると単にそれまでの延長線上にある使用方法でなく，まったく新しい使用方法が考案されて普及していくという現象がたびたび起こっている．例えば汎用的な PC 関連の技術を用いた（PC）クラスタ計算などは，1990 年代に Intel Pentium III クラスの CPU や 100 Mbps（100BASE-TX）を超えるネットワーク機器が安価に入手できるようになってから急激に普及するようになった．

そういった革新的な計算方法が普及してくると，今度は最適化などの様々な分野において，想定する問題の規模，適用する手法，実問題への適用可能性などの最適化問題に対するパラダイムに大きな変化が生じるようになる．ただし計算量の理論から考察すると，$\mathcal{NP}$ 困難な問題などは，問題の大きさが増加するにつれて必要な計算量が指数関数的に増大するので，ある程度大きな規模では，最新の情報技術を用いても最適解を求めることは依然としてきわめて難しい．しかし近年では，主に以下の 2 つの方法やそれらの方法の組合せによって最適化問題を解く研究がさかんに行われており，アルゴリズムの発展や並列計算の適用などによって目覚しい成果が達成されている．

1) 超高速，大容量の計算機を集めて，従来より提案されている手法に並列計算の技術を適用して問題を解く．ただし様々な理論的成果をとり入れて，計算時間を減らす工夫を採用している

2) 近似解法を適用して実用的な時間で優れた近似解を得ることを目指す

まず 1) は，巡回セールスマン問題（TSP）に対する分枝カット法[7]や，2 次割当問題に対する分枝限定法[6]などが有名である．前者は 100 台近い PC を集めて SW24978 という点数 24,978 の対称 TSP の最適解を求めることに成功している．2009 年現在では，さらに大きな点数 85,900 点の対称 TSP の最適解が求められたことが報告されている[*3)] (3.5 節参照)．後者は平均で 653 個，最大で 1,007 個の CPU を用いて，約 1 週間で 30 次元の NUG30 という問題の最適解を求めた（3.3 節参照）．また次節で解説するように，筆者らのグループが数万制約，数百万非零要素をもつ SDP を解くことに成功した[50]．これらの並列化はレベル 2 あるいはレベル 2 と 3 の融合型である．

また 2) は配送計画問題（VRP）などの組合せ最適化問題に対して，近傍探索などを並列化したメタ解法を適用して問題を解く例などが最近では多く見られる．

さらに数理計画問題を解くためのソフトウェアも，アルゴリズムの改善や計算機能力の向上によって大幅に性能を向上させている．数理計画問題は問題の大きさ n の多項式時間で解けるものも多いが，想定される数理計画問題が巨大であるときには，CPU 単体の性能向上だけでは短時間に問題を解くことは困難である．それらの困難を克服するための並列計算の手法として，クラスタ計算とクラウド計算およびグリッド計算などが最近注目を集めている．また最近ではマルチコアプロセッサが主流になりつつあり，Intel Core 2，Core i7 系や PlayStation3 などに搭載されている Cell（IBM/TOSHIBA/SCEI）などがある．マルチコアプロセッサは 1 つのプロセッサの中に 2 ～ 6 個のコアを搭載している．今後はこのコア数も増えていくと予想されるが，同じ種類の

---

*3) http://www.tsp.gatech.edu/

コアが複数あって，コア同士がメモリを共有している場合には特にホモジニアスマルチコアプロセッサと呼ばれる．また異なる種類のコアが複数ある場合には，ヘテロジニアスマルチコアプロセッサと呼ばれる．この場合では異なるコア同士がメモリを共有しているとは限らないので，通常とは異なったプログラミング手法が必要になる．後者の例として Cell などがある．Cell では 34 コア（PPE 2 + SPE 32）を搭載して単精度演算で 1 T（テラ）Flops（倍精度演算で 512 GFlops）に達する見込みである．ほかにも Intel 社の Larrabee, AMD 社の FUSION, NVIDIA 社の Tesla などの CPU コア，GPU コアあるいは 2 つの統合などの形で新プロセッサが発表・計画されている．最初は単精度演算が中心であるが，2009 年現在，最速のチップでは 1 TFLops に達している．つまり 1 台の PC でも近い将来 GFlops から TFlops の単位に移行することになろう．

高速な計算機の上位 500 台を集めたウェブサイト TOP500*4) によると，2008 年 11 月の段階で世界最高速コンピュータの浮動小数点演算の性能は 1 P（ペタ）Flops にも達している．さらに 2007 年 3 月には（独）理化学研究所などによる共同開発プロジェクトで，通称「京速計算機」が神戸に設置されることが発表されている．この計算機は名前のとおりに 10 PFlops（1 秒間に 1 京回）の浮動小数点演算を行うことを目標にしていて，2012 年頃の運用開始時には世界最高速レベルに達する見込みである．つまり目標性能の計算機は TFlops から PFlops の単位になりつつある．

●9.2● クラスタおよびグリッド計算について ●

高性能なスーパーコンピュータなどを用いて並列計算を行う手法は以前から行われていたが，最近ではマルチコアを搭載したプロセッサが普及しているので，マルチスレッド化することによって簡単に並列計算を行うことができる．しかしマルチスレッドによる並列化は大規模な並列計算にはあまり向かないので，クラスタ計算やグリッド計算などの並列計算技術が注目を集めている．クラスタ計算に関する研究は，PC やワークステーションなどの高性能化・低価

*4) http://www.top500.org/

格化に伴って 1990 年代半ばより開始された．特に比較的に安価な PC で構成されたクラスタ計算機は PC クラスタと呼ばれており，大学の研究室や企業の一部門などのレベルで構築・運用されている小規模から中規模のクラスタ計算機では PC クラスタが主流になっている．

クラスタ計算機は複数の独立した計算機を Gigabit Ethernet（最近では 10 G Ethernet が普及をはじめている），Myrinet-10 G，Infiniband などの高速なネットワーク装置で結合し，単一システムのイメージを提供する並列計算技術である．特に一般の PC 技術を活用する PC クラスタでは，近年の PC の高性能化と低価格化によって，従来のスーパーコンピュータをはるかに上回るコストパフォーマンスを達成している．しかし，信頼性や耐久性などではスーパーコンピュータなどに劣る傾向があるので，完全にスーパーコンピュータに置き換わる技術ではない．また並列計算を実現するためのソフトウェアでは，並列計算を実現するためのツールとして MPI*5) や OpenMP*6) などが有名である．このほかにも Pthreads などのツールを用いてソフトウェアの並列化（マルチスレッド化）を行う方法も広く採用されている．

1) MPI : 分散メモリ並列コンピュータ上でのメッセージパッシングが基本的なプログラミングモデルである．逐次プログラムを並列化する際には，データを分散配置させて，各コンピュータ上で行われる計算と通信コストのバランスをどのようにとるかによって大きく性能が左右される．プログラミングには MPI 通信ライブラリを用いる．大規模な並列計算に適しているなどの特徴がある
2) OpenMP : 共有メモリマルチプロセッサ（あるいはマルチコアプロセッサ）上のマルチスレッドプログラミングのための API である．OpenMP での並列プログラミングは逐次のプログラムに指示文（コンパイラに対する）を加えて並列化を行う．少しずつ部分的に並列化を行うことができ，MPI よりも簡単に並列化作業を行える

また PC クラスタの全体性能を上げるために直接ハードウェアの制御を行っ

---

*5) http://www-unix.mcs.anl.gov/mpi/
*6) http://www.openmp.org/

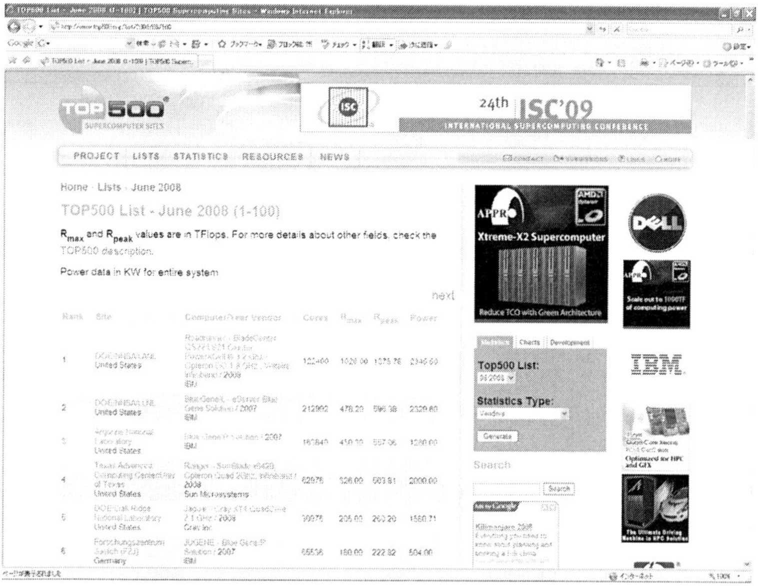

図 **9.2** TOP 500 リスト：2008 年 6 月

たり，効率のよいプロセスのスケジューリングを行ったりする SCore[*7] が使用されている．前述の TOP500[*4] (図 9.2) によると，近年はベクトル型スーパーコンピュータが減少して，スカラー型スーパーコンピュータやクラスタ計算機が上位に多くランキングしている．ただしスーパーコンピュータと呼ばれる計算機のプロセッサは，PC 用と同等の製品が使われることも多いので，近年ではスカラー型のスーパーコンピュータとクラスタ計算機の区別は難しくなってきている．

次にグリッド計算を実現するためのソフトウェアについて説明を行う．グリッド計算システムでは，すべての計算機が LAN などで接続されている場合だけでなく，遠隔地のクラスタ計算機同士を高速なネットワーク（インターネットなど）で接続して，互いの計算機資源（特に CPU パワー）を有効に活用し，大規模な問題を効率よく解くことが主要な目的になっている．グリッド

*7) http://www.pccluster.org/

計算システムは Ninf[*8)]（Ninf-1 & Ninf-G[145)]），NetSolve[*9)]，Condor[*10)] などが有名である．例えば Ninf には以下のような特徴がある．

1：通常の関数に似た GridRPC のインターフェイスをもっているので，簡単な関数などの記述で，グリッド上で Client-Server モデルを実現することが可能である

2：インターネットなどによって広域に接続，提供されているハードウェア，ソフトウェアの利用が可能である

3：多様なプログラミング言語（C，C++，Fortran，Java など）を開発に用いることが可能である．また Ninf では，同期，非同期の呼出しがサポートされており，非同期の場合では効率よく大量のプロセスの並列動作を行うことができる

図 9.3 は，非凸 2 次計画問題に対する逐次凸緩和法[140)]（凸計画問題である SDP や線形計画問題（LP）を子問題として非凸計画問題を解く方法）や

	逐次凸緩和法(SCRM)	ホモトピー法
Ninf Client	探索の制御、子問題(SDP)の作成	探索の制御、データの振分け
Ninf Server	SDPを解くためのソフトウェアSDPAの実行	Path following 法による解の探索

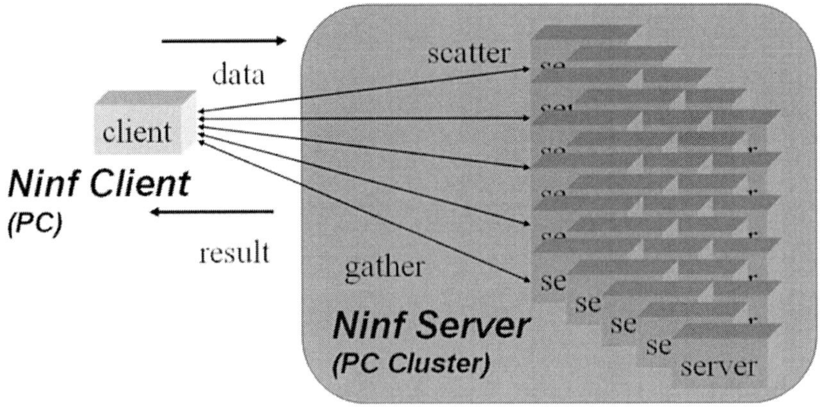

図 **9.3**　Ninf を用いた Client-Server システム

---

*8)　http://ninf.apgrid.org/

*9)　http://icl.cs.utk.edu/netsolve/

*10)　http://www.cs.wisc.edu/condor/

多項式方程式に対するホモトピー法[141]（多項式方程式系のすべての孤立解を求めるための方法）を実行するために，Ninf（Ninf-1）を用いて実現されたClient-Server システムである．これらの問題では，いきなり元問題（親問題）を解くのは難しいので，一部の変数の値を固定するなどして複数の子問題を作成して，これらを代わりに解く方法が用いられる．この場合，Ninf Client は1 台の PC であって Ninf Client から 非同期に Ninf Server（PC クラスタ）上の複数の PC が呼び出される．そして Ninf Server 上では同時に多くの子問題が生成されて解かれることになる．この場合，Ninf Server は複数の PC クラスタで構成されていてもよく，また複数の PC クラスタは，それぞれ遠隔地に設置されていてもよい．その場合は接続されているインターネットなどのネットワークのデータ転送速度が重要になってくる．

また Ninf-G[145] は（独）産業技術総合研究所（産総研）で開発されている GridRPC システムで，従来の Ninf（Ninf-1）を Globus Toolkit*[11)][116] を用いて再構築したものである．Globus Toolkit は Globus Project（現 Globus Alliance）によって米国アルゴンヌ国立研究所などで開発が行われている．またグリッド計算の標準化団体である Global Grid Forum*[12)] でも標準実装として取り上げられており，Globus Toolkit は事実上グリッドのミドルウェアの標準になっている．ただし最新の Ninf-G では必ずしも Globus Toolkit を必要とはしなくなっている．

最後に，Condor はアイドル状態の計算機を有効活用することを目的としたジョブスケジューリングシステムである．計算機資源は Condor が管理するので，ユーザは実際にどの計算機を使用するのか意識する必要がない．さらに Condor はチェックポイントとマイグレーション機能をサポートしているので，計算途中のジョブの停止，他の計算機への移動を行うことが可能であり，耐故障性に優れている．ただし単一のジョブを実行するためのシステムであるので，ジョブの自動並列などは行わない．

*11) http://www.globus.org/

*12) http://www.ggf.org/

●9.3● 超大規模半正定値計画問題に対する数値実験 ●

半正定値計画問題（SDP）（第5章参照）は幅広い分野に応用をもち，LPを対称行列の空間へ拡張した構造をもっていることもあって，21世紀のLPとしての期待も大きい．SDPに対しては，すでに10年以上前から内点法アルゴリズムの適用が行われており，筆者らのグループも，1995年から高速かつ安定にSDPを解くためのアルゴリズムとソフトウェアの開発を行うSDPAプロジェクトを行っている*13)．

最近，SDPの新たな応用として，物理化学・化学物理において分子の電子構造を求める研究がされている．分子の電子状態は固有値問題であるシュレーディンガー方程式を解くことによって求めることができる．特に，分子の最も安定した基底状態に相当するのがシュレーディンガー方程式の最小固有値解であり，その最小固有値は基底状態エネルギーと呼ばれる．分子の基底状態エネルギーは化学反応モデルなどの理論的なエネルギー予測に役立つ基本的な値である．従来のアプローチでは，シュレーディンガー方程式の最小固有値解を近似した波動関数から基底状態エネルギーを算出するハートリー（Hartree）–フォック（Fock）（HF）法，SDCI法，CCSD（T）法などが広く用いられている．波動関数を用いるアプローチの代用として1960年代にColeman[30]，Garrod–Percus[58]に提案されたのが縮約密度行列法と呼ばれる手法である．1970年代には最も小さな原子などに対して数値実験が行われてきたが，その複雑さや計算の大変さからこの方法自体が忘れられた一面もある．縮約密度行列法では分子の基底状態が2次の縮約密度行列で表され，その行列の線形制約式の下で，最適化問題を解くことによって基底状態エネルギーの下界値が求まる仕組みになっており，この最適化問題がSDPになるわけである．このSDPの最適変数に相当するのが2次の縮約密度行列であり，目的関数は分子を構成する原子の種類や幾何構造などの情報をもった線形関数を最小化する．制約式は対象とする特定の分子には依存しない，一般の分子の状態を表す条件の一部から構成されている．これらは前述のように2次の縮約密度行列の線形結合行列

---

*13) http://sdpa.indsys.chuo-u.ac.jp/sdpa/

が半正定値行列になるような制約であり，代表的なものに P，Q，G 条件[30, 58]があり，そのほかにも $T1$，$T2$ 条件[41, 175]が知られている．縮約密度行列法に登場する問題は，2001 年にはじめて Nakata ら[113]によって SDP になることが確認され，非常に小さな原子・分子に対して HF 法に劣らぬよい基底状態エネルギーを算出することがわかっている．この論文では基本的な P，Q，G 条件を使っているが，文献 175) ではさらに $T1$，$T2$ 条件を SDP の制約式に追加して，Gaussian 98 などの商用ソフトで提供されている最も優れた CCSD (T) 法よりも，ほとんどの場合でよい基底状態エネルギーの値を出している．また，縮約密度行列法では，従来の方法よりも基底状態エネルギーのほかに双極子モーメントがより正しく求まることも確認されている[52, 113, 175]．

また，縮約密度行列法から SDP として定式化される問題は，超大規模になりスーパーコンピュータまたは大型クラスタ計算機級のメモリ量が必要とされるので，SDP に対するアルゴリズムも並列に処理されることが望まれる．今後 SDP の効率的な解法の進歩もしくは高精度の基底状態エネルギーを要求する応用例の出現により，注目されるべき分野であろう．詳しくは文献 50) を参照のこと．

本節では SDP に対する様々な数値実験結果を紹介していくが，最初に本節で使用する用語などについて定義を行う（表 9.2）．SDP の問題の大きさは n, mと #nonzero で表現することが可能であるが，SDPA[50]ではブロック対角な行列のデータ構造およびそれらの内部演算を組み入れているので，行列の大きさ n についてはブロック対角行列で考える必要がある．次にブロック対角行列の一般形を示す．ブロック数とブロック構造ベクトルを用いて，定数行列 $\boldsymbol{A}_i$ や 変数行列 $\boldsymbol{X}, \boldsymbol{Z}$ に共通なブロックデータ構造を表現する．

表 9.2 用語などの定義

記 号	定 義
n	SDP の行列 $\boldsymbol{X}, \boldsymbol{Z}, \boldsymbol{A}_i (i = 0, \ldots, m) \in \mathcal{S}^n$ などの大きさ
m	SDP の主問題における制約式の数
#nonzero	定数行列 $\boldsymbol{A}_i (i = 0, \ldots, m)$ における非零要素の合計数
ELEMENTS	係数行列 $\boldsymbol{B}$ の全要素の計算に要する計算時間：$\mathcal{O}(mn^3 + m^2n^2)$
CHOLESKY	係数行列 $\boldsymbol{B}$ のコレスキー分解：$\mathcal{O}(m^3)$

$$\left.\begin{array}{l} \boldsymbol{F} = \begin{pmatrix} \boldsymbol{G}_1 & \boldsymbol{O} & \boldsymbol{O} & \cdots & \boldsymbol{O} \\ \boldsymbol{O} & \boldsymbol{G}_2 & \boldsymbol{O} & \cdots & \boldsymbol{O} \\ \vdots & \vdots & \vdots & \ddots & \boldsymbol{O} \\ \boldsymbol{O} & \boldsymbol{O} & \boldsymbol{O} & \cdots & \boldsymbol{G}_\ell \end{pmatrix}, \\ \boldsymbol{G}_i : p_i \times p_i \text{ 対称行列} \\ \qquad (i = 1, 2, \ldots, \ell) \end{array}\right\}$$

SDPA では，定数行列 $\boldsymbol{A}_i$ や変数行列 $\boldsymbol{X}, \boldsymbol{Z}$ などを上記のようなデータ構造で保持している．このデータ構造の採用によって，入力行列が疎行列や部分的に対角行列を含む場合にも効率のよいデータの保持と計算が可能になった．ある行列を入力したときに，その行列のブロック対角構造を自動的に判別するのは時間がかかるので，SDPA では以下のように nBLOCK や bLOCKsTRUCT などのパラメータを用いて，ユーザがブロック対角構造を指定するようになっている．

$$\begin{aligned} \text{nBLOCK} &= \ell, \\ \text{bLOCKsTRUCT} &= (\beta_1, \beta_2, \ldots, \beta_\ell), \end{aligned}$$

$$\beta_i = \begin{cases} p_i : \boldsymbol{G}_i \text{ が通常の対称行列のとき} \\ -p_i : \boldsymbol{G}_i \text{ が対角行列のとき} \end{cases}$$

次に下の行列 $\boldsymbol{F}$ を例に用いる．

$$\boldsymbol{F} = \left(\begin{array}{ccccc|ccc} 11.0 & 0 & -13.1 & 0 & 0 & 0 & 0 & 0 \\ 0 & 0 & 0 & 0 & 25.9 & 0 & 0 & 0 \\ -13.1 & 0 & 33.2 & 0 & 0 & 0 & 0 & 0 \\ 0 & 0 & 0 & 0 & 0 & 0 & 0 & 0 \\ 0 & 25.9 & 0 & 0 & 6.0 & 0 & 0 & 0 \\ \hline 0 & 0 & 0 & 0 & 0 & 3.0 & 0 & 0 \\ 0 & 0 & 0 & 0 & 0 & 0 & -1.0 & 0 \\ 0 & 0 & 0 & 0 & 0 & 0 & 0 & -2.5 \end{array}\right)$$

この場合では $n = 8$ であるが，ブロック対角行列で考えると nBLOCK $= 2$，bLOCKsTRUCT $= (5, -3)$ である．

表 **9.3** 各問題の大きさに関するデータ

化学式	$2K$	N	m	n	#nonzero	nBLOCK	bLOCKsTRUCT
LiOH (PQG)	22	12	10,593	1,264	75,690	14	(242,121×4,. . .,−274)
HF (PQG)	24	10	15,018	1,498	105,694	14	(288,144×4,. . .,−322)
NH ($T1T2$)	24	8	15,018	10,170	2,205,558	22	(2,532×2,792×4,. . .,−322)
BH_3O ($T1T2$)	26	16	20,709	12,828	3,290,622	22	(3,224×21,014×4,. . .,−374)
H_2O ($T1T2$)	28	10	27,888	15,914	4,766,902	22	(4,032×21,274×4,. . .,−430)

今回，数値実験として表 9.3 のような系に対して SDP 緩和を生成し，SDPARA 7.0.1[169] で解いた．SDPARA とは，SDP に対する主双対内点法を実装した SDPA 6.2.1[170] のボトルネックとなっている探索方向の計算のための線形方程式系の計算を，MPI や ScaLAPACK などを用いて並列化したソフトウェアである．ただし，$2K$ は基底関数の数，N は電子数，m は SDP の等式制約の本数を示している．ただし表記スペースの問題から bLOCKsTRUCT は大きい順に並べて一部省略してある．例えば 4,032×21 とは 4,032×4,032 のブロックが 21 個あるという意味である．−430 とは対角ブロックの大きさが 430 という意味である．表 9.3 で最も巨大な SDP は H_2O に関するもので，図 9.4 のような巨大ではあるが疎なブロック対角構造を有している．15,914 × 15,914 の大きさをもつ行列が問題内に 27,888 個存在していて，これらの行列の非零要素の合計数は 4,766,902 個に達する．これまでに解くことができた一般の SDP では世界最大規模であると思われる．

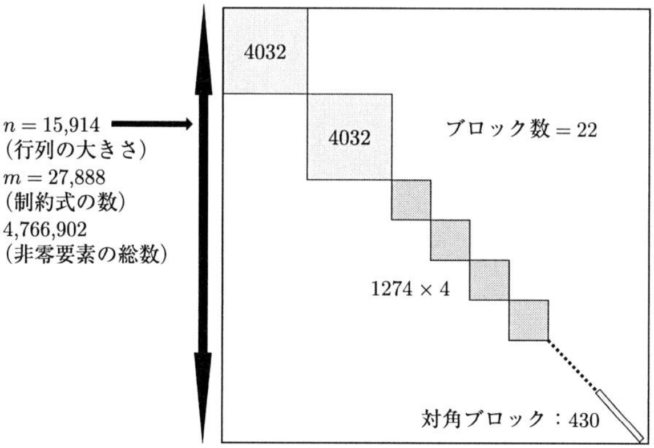

図 **9.4** 超巨大 SDP のブロック対角構造

表9.3の中のLiOH，HF，NH，BH_3Oに関しては産業技術総合研究所のAIST Super Cluster（ASC）のP32クラスタで，H_2Oに関しては同M64クラスタを用いた．ASCは全体で14.60 TFlopsの総演算性能と9.78 TFlopsの実効性能をもっており，全部で3つのクラスタ（P32，M64，F32）と3,208個のプロセッサより構成されている．このクラスタの主目的の1つは，グリッドに計算能力を提供する基盤システムとして利用し，高性能なグリッド計算環境を構築することにある．P32クラスタはメモリ量はそれほど多くないが，同時に多くのCPUを必要とする場合に用いられ，M64クラスタは1 CPU当たりのメモリ使用量がきわめて大きいときに用いる．またP32で同時に使用するCPU数を変えながら問題を解くのに要した計算時間をまとめたものが表9.4である．ただしLiOH，HFはPQG，NH，BH_3O，H_2Oは$T1T2$条件である．このため，HFとNHは$2K$が同じだが，この表のSDPでは変数行列のサイズが異なっている．P32クラスタの各PCはCPUとしてOpteron 246（2.0 GHz）を2個搭載し，メモリは6 GBである．またM64クラスタの各PCはCPUとしてItanium 2（1.3 GHz）を4個搭載し，メモリは16 GBである．なおLiOH，HFは64台で十分高速に計算できたため128台以上で計算しておらず，逆にNHでは計算時間がかかりすぎるために32台以下で計

表9.4　大規模SDPに対するSDPARAの実験結果1（単位は秒）

問題名		1台	4台	8台	16台	64台	128台	256台
LiOH（PQG）	総計算時間	14,250	3,514		969	414		
	ELEMENTS	6,150	1,654		308	84		
	CHOLESKY	7,744	1,186		357	141		
HF（PQG）	総計算時間	47,483	8,939		2,549	1,120		
	ELEMENTS	16,719	4,390		706	237		
	CHOLESKY	20,995	3,395		983	331		
NH（$T1T2$）	総計算時間					66,015	37,028	24,499
	ELEMENTS					47,416	19,958	9,875
	CHOLESKY					820	362	285
BH_3O（$T1T2$）	総計算時間					148,387		
	ELEMENTS					104,745		
	CHOLESKY					1,989		
H_2O（$T1T2$）	総計算時間			2,060,237				
	ELEMENTS			1,985,337				
	CHOLESKY			22,137				

ELEMENTSとCHOLESKYについては表9.2参照.

算していない．また BH_3O では 1 CPU 当たりのメモリ使用量が 6.4 GB なので合計メモリ使用量は 6.4 × 64 台 = 409.6 GB にも達する．また H_2O は 1 CPU 当たりのメモリ使用量が 11.2 GB なので，合計メモリ使用量は 11.2 × 8 台 = 89.6 GB にも達し，実行時間は約 24 日である．すべての数値実験において得られた解の精度もよく，この規模で精度のよい解が求まるのは前例のないことである．SDPARA はこのような超大規模な SDP の計算において他のソフトウェアの追随を許していない．

これらのクラスタ計算機で用いられている CPU はすべてシングルコアなので，最近のマルチコア搭載の CPU を用いたクラスタ計算機での実験結果も見てみよう．表 9.6 は各クラスタ計算機の構成や性能を示している．SDPA クラスタとは，2008 年に中央大学に設置されたクラスタ計算機で CPU に Intel Xeon 5460 を採用している．この CPU は 4 個のコアをもつマルチコア CPU であり，1 ノード内に 2 個の CPU をもっているので，図 9.5 のような CPU とメモリの配置，構成になっている（2 CPU，8 コア）．表 9.5 はこの SDPA クラスタ上で SDPARA を用いて，表 9.4 と同様に量子化学の問題を解いた結果である．表 9.4 と表 9.5 を比較すると後者の方が数倍高速化されていることがわかる．しかし，SDPA クラスタにおいて 64 台と 128 台を使用したときを比較すると，128 台使用したときの方が反対に遅くなっている．この SDPA

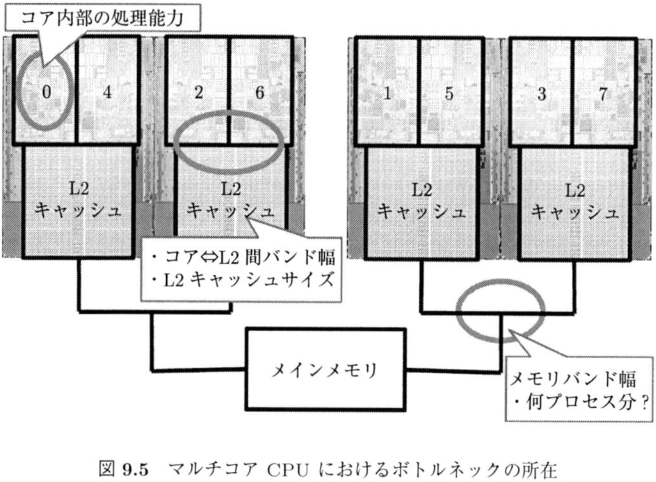

図 9.5　マルチコア CPU におけるボトルネックの所在

表 9.5　大規模 SDP に対する SDPARA の実験結果 2（単位は秒）

問題名		1 台	2 台	4 台	8 台	16 台	32 台	64 台	128 台
LiOH（PQG）	総計算時間	4,464	1,827	952	521	266	200	189	241
	ELEMENTS	2,211	1,000	506	247	120	68	54	57
	CHOLESKY	2,130	618	328	188	97	72	93	66
HF（PQG）	総計算時間	11,659	4,768	2,297	1,230	640	447	402	435
	ELEMENTS	5,906	2,730	1,249	601	303	179	132	143
	CHOLESKY	5,819	1,622	819	454	238	175	183	133
NH（$T1T2$）	総計算時間						20,356	12,790	19,680
	ELEMENTS						16,266	9,408	14,890
	CHOLESKY						243	252	217
BH_3O（$T1T2$）	総計算時間							43,067	
	ELEMENTS							34,496	
	CHOLESKY							603	
H_2O（$T1T2$）	総計算時間							94,479	
	ELEMENTS							81,296	
	CHOLESKY							787	

ELEMENTS と CHOLESKY については表 9.2 参照.

表 9.6　各クラスタ計算機の構成や性能

	SDPA クラスタ	M64 クラスタ	P32 クラスタ
CPU	Intel Xeon 5460 (3.16 GHz)	Intel Itanium 2 Xeon (1.3 GHz)	AMD Opteron 246 (2.0 GHz)
メモリ	48 GB	16 GB	6 GB
NIC	Myrinet-10 G × 1	Myrinet-2000 × 1	Myrinet-2000 × 1
合計数	16 ノード 32 CPU（128 コア）	132 ノード 528 CPU（528 コア）	1072 ノード 2,144 CPU（2,144 コア）
LINPACK	1.43 TFlops	1.62 TFlops	6.16 TFlops

クラスタは 16 ノードなので，128 台とは 1 ノードで 8 コアを使用することを意味する（16 ノード × 8 コア）．そのため，図 9.5 のように，CPU コア ⇔ L2（2 次キャッシュ）のバンド幅，あるいはメモリバンド幅などがボトルネックになっていると考えられる．現在では CPU のコア数が増えているので CPU コアの処理能力だけが注目されがちであるが，それ以外にも様々なボトルネックが存在することを意識した上で，バランスよく計算機の能力を使い切るソフトウェアの開発が望まれている．

●9.4● 最適化アプリケーションのグリッド環境での大規模長時間実行 ●

最適化アルゴリズムと情報技術の進歩により，様々な分野で巨大な最適化問題を取り組むための研究が行われていることはすでに解説してきたが，最後にグリッド環境（つまり LAN + WAN：レベル 3 の並列化）での最適化アプリケーションなどの大規模長時間実行についても触れておこう．クラスタ環境では，MPI のようなデータ並列や Ninf のタスク並列のどちらの実行にも適しているが，グリッド環境においては主にタスク並列がターゲットになっている．ここでは蛋白質立体構造解析のための最適化手法（遺伝アルゴリズム（GA））をグリッド上において大規模に長時間実行を行った例を見てみよう[123]．核磁気共鳴法（NMR）は蛋白質構造解析の有力な手段であるが，経験豊富な専門家においても，1 つの蛋白質の構造解析に数カ月程度を要する試行錯誤を繰り返している．そのため自動化，高速化技術の開発が強く望まれているが，GA に基づいたデータ解析の自動化によって，比較的小さな規模（13 残基程度）の問題では良好な解が得られるようになった．しかし実際に扱う必要のある蛋白質の規模は数十〜二百残基程度であるといわれている．例えば 78 残基の場合では，最新の PC でも数十日はかかると推定されている．ただし GA は解の探索などのアルゴリズムの多くの部分を効率よく並列化することが可能なので，大幅な高速化が期待できる．例えば数百〜数千の規模の CPU を集めることによって，実行時間を数十日から数時間に短縮することも可能になる．近年では，グリッド技術を用いて地理的に分散した複数拠点の PC クラスタなどの計算機資源を，高速インターネットを通して相互接続することによって，1 つの仮想巨大計算機を構築して利用することができる．つまり，グリッドはそれまでの計算機資源では実行困難な大規模計算を可能にする，次世代並列計算プラットホームとして注目を集めている．しかし，実際にはファイアーウォールなどの問題により，地理的に分散された計算機資源同士を接続することには困難が伴い，計算機の台数が多くなるとそれらの管理や耐故障性の問題も生じるので，グリッド上で大規模かつ長時間アプリケーションを実行させることは容易ではない．そのためこれらの問題をできるだけ軽減させるような技術の開発が行われている[144]．

次に，具体的に NMR 蛋白質立体構造解析のためのグリッド対応の GA システムの概要を見てみよう．図 9.6 はグリッド計算環境を示していて，ユーザ端末と複数拠点に配置された複数の PC クラスタから構成される．ユーザ端末はグローバル IP をもち，外部から直接アクセスが可能になっている．PC クラスタはゲートウェイノードと計算ノード（サブマスターとワーカー）から構成されている．ゲートウェイノードはグローバル IP をもち，外部から直接アクセス可能になっている．

GA においては子の評価は並列に行える場合が多いが，この場合では計算ノードのワーカーの総数を 1,000 以上と想定しているので，1,000 以上のワーカーに絶え間なく子を生成して，供給するためのループを複数実行しながら全ワーカーとの通信を 1 つのワーカーで行うことは現実的ではない．そこで図 9.6 のように複数のサブマスターノードを設けて，マスターに GA のアルゴリ

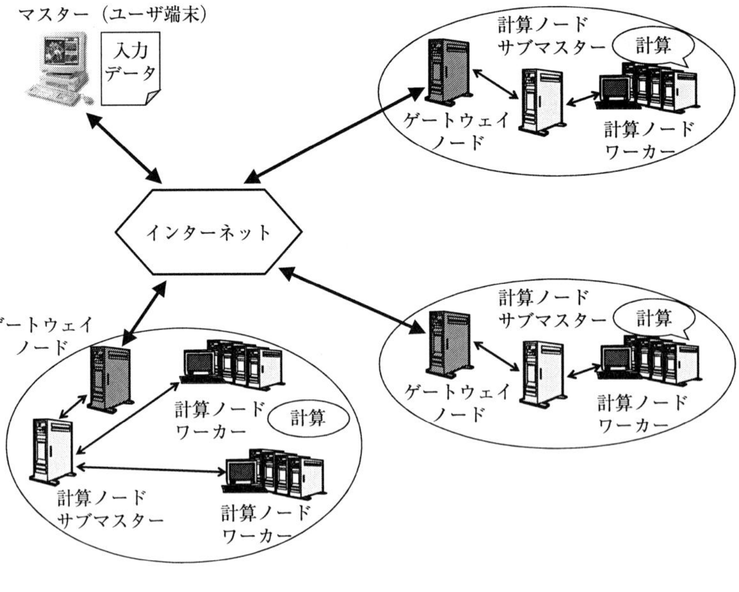

図 9.6　グリッド環境

表 9.7 各サイトの PC クラスタの仕様

サイト	CPU	プロセッサ数	ソフトウェア
徳島大学	Athlon MP 2000+	126	Globus 2.4.
	Athlon MP 2800+	84	Ninf-G 2.2.0
東京工業大学	Pentium III 1.4 GHz	70	Java 1.4.
	Athlon MP 1900+	194	gcc 2.95
	Athlon MP 2000+	66	glibc 2.2.
	Opteron 242	74	
東京電機大学	Athlon MP 2400+	78	
	Opteron 140	30	
産業技術総合研究所	Xeon 3.06 GHz	374	

ズムの中の複製選択，世代交代の機能を，サブマスターに子の生成，生存選択やワーカーとの通信などの機能をもたせる．マスターとゲートウェイノード間は通常インターネットなどの広域通信の場合が多いので，Ninf-G を用いて通信を行う．その後ゲートウェイノードは rsh を用いて計算ノード上にサブマスターを起動して，マスターから送られてきた親ペア集合をサブマスターに転送し，サブマスターから転送されてきた子ペア集合をマスターに転送する．またサブマスターは親ペア集合から子を生成して複数のワーカーに子個体を送り，計算が終了したワーカーに対しては次の子個体を送信する．サブマスターとワーカー間の通信は通常ローカルに行われるので，通信のためには Ninf-1 が用いられる．

表 9.7 は各サイトの PC クラスタの仕様である．合計で 4 サイトで 1,196 CPU になり，このグリッド環境において 78 残基のアミノ酸からなる hmg2b 蛋白質の立体構造解析問題を解いたところ，約 2 時間 40 分で正常に終了することが確認された．同じ計算を Pentium III 1.4 GHz の PC で解くと約 200 日かかると推定される．

文　献

1) K. Aida, W. Natsume and Y. Futakata, "Distributed computing with hierarchical master-worker paradigm for parallel branch and bound algorithm", *Proceeding 3rd IEEE/ACM International Symposium on Cluster Computing and the Grid* (CCGrid 2003), 156–163 (2003).
2) 赤穂昭太郎, 津田宏治, "サポートベクターマシン 基本的仕組みと最近の発展", 別冊・数理科学 脳情報数理科学の発展, サイエンス社 (2002).
3) K. S. Al-Sultan, M. F. Hussain and J. S. Nizami, "A genetic algorithm for the set covering problem", *Journal of the Operational Research Society*, **47**, 702–709 (1996).
4) A.C.F Alvim, F. Glover and D.J. Aloise, "A hybrid improvement heuristic for the one-dimensional bin packing problem", *Journal of Heuristics*, **10**, 205–229 (2004).
5) R. Anbil, E. Gelman, B. Pattyand and R. Tanga, "Recent advances in crew-pairing optimization at American Airlines", *Interfaces*, **21**, 62–74 (1991).
6) K. M. Anstreicher, "Recent advances in the solution of quadratic assignment problems", *Mathematical Programming, Series B*, **97**, 27–42 (2003).
7) D. Applegate, R. Bixby, V. Chvátal and W. Cook, "Implementing the Dantzig–Fulkerson–Johnson algorithm for large traveling salesman problems", *Mathematical Programming, Series B*, **97**, 91–153 (2003).
8) B.S. Baker, E.G. Coffman Jr. and R.L. Rivest, "Orthogonal packing in two dimensions", *SIAM Journal on Computing*, **9**, 846–855 (1980).
9) C. Barnhart, E. L. Johnson, G. L. Nemhauser, M. W. P. Savelsbergh and P. H. Vance, "Branch-and-price column generation for solving huge integer programs", *Operations Research*, **46**(3), 316–329 (1998).
10) M. Bazargan, *Airline Operations and Scheduling*, Ashgate (2004).
11) J. E. Beasley, "OR–library: Distributing test problems by electronic mail", *Journal of the Operational Research Society*, **41**, 1069–1072 (1990).
12) J. E. Beasley and P. C. Chu, "A genetic algorithm for the set covering problem", *European Journal of Operational Research*, **94**, 392–404 (1996).
13) A. Ben-Tal and A. Nemirovskii, *Lectures on Modern Convex Optimizationm Analysis, Algorithms, and Engineering Applications*, SIAM Publications (2001).
14) E. E. Bischoff and M. Ratcliff, "Issues in the development of approaches to container loading", *Omega*, **23**, 377–390 (1995).
15) P. Biswas, T. Lian, T. Wang and Y. Ye, "Semidefinite programming based algorithms for sensor network localization", *ACM Journal Transactions on Sensor*

Networks, **2**(2), 188–220 (2006).

16) S. Boyd and L. Vandenberghe, *Convex Optimization*, Cambridge University Press (2004).

17) M. J. Brusco, L. W. Jacobs and G. M. Thompson, "A morphing procedure to supplement a simulated annealing heuristic for cost- and coverage-correlated set-covering problems", *Annals of Operations Research*, **86**, 611–627 (1999).

18) E. K. Burke, P. de Causmaecker, G. V. Berghe and H. van Landeghem, "The state of the art of nurse rostering", *Journal of Scheduling*, **7**, 441–499 (2004).

19) E. K. Burke, R. S. R. Hellier, G. Kendall and G. Whitwell, "A new bottom-left-fill heuristic algorithm for the two-dimensional irregular packing problem", *Operations Research*, **54**, 587–601 (2006).

20) E. K. Burke, R. S. R. Hellier, G. Kendall and G. Whitwell, "Complete and robust no-fit polygon generation for the irregular stock cutting problem", *European Journal of Operational Research*, **179**, 27–49 (2007).

21) A. Caprara, M. Fischetti and P. Toth, "A heuristic method for the set covering problem", *Operations Research*, **47**, 730–743 (1999).

22) A. Caprara, M. Fischetti and P. Toth, "Algorithms for the set covering problem", *Annals of Operations Research*, **98**, 353–371 (2000).

23) W. Chen, N. Jain and S. Singh, "ANMP: Ad hoc network management protocol", *IEEE Selected Areas in Communications*, **17**(8), 1506–1531 (1999).

24) X. Chen and M. Fukushima, "Proximal quasi-Newton methods for nondifferentiable convex optimization", *Mathematical Programming*, **85**, 313–334 (1999).

25) 陳　小君, "最適化と非線形方程式", オペレーションズ・リサーチ, **51**(7), 424–429 (2006).

26) B. Cheng, H. Li, A. Lim and B. Rodrigues, "Nurse rostering problems: A bibliographic survey", *European Journal of Operational Research*, **151**, 447–460 (2003).

27) V. Chvatal, *Linear Programming*, W.H. Freeman and Company, 195–212 (1983).

28) E.G. Coffman Jr., M.R. Garey, D.S. Johnson and R.E. Tarjan, "Performance bounds for level-oriented two-dimensional packing algorithms", *SIAM Journal on Computing*, **9**, 801–826 (1980).

29) E.G. Coffman Jr., M.R. Garey and D.S. Johnson, "Approximation algorithms for bin packing: A survey", D.S. Hochbaum (ed.), *Approximation Algorithms for NP-hard Problems*, PWS Publishing Company, 46–93 (1997).

30) A.J. Coleman, "Structure of fermion density matrices", *Reviews Modern Physics*, **35**, 668–687 (1963).

31) N. Cristianini and J.Shawe-Taylor, *An Introduction to Support Vector Machines*, Cambridge University Press (2000). (大北　剛訳, サポートベクターマシン入門, 共立出版 (2005)).

32) G. B. Danzig, *Linear Programming and Extensions*, Princeton University Press (1963).

33) M. de Berg, M. van Kreveld, M. Overmars and O. Schwarzkopf, *Computational Geometry: Algorithms and Applications*, Springer-Verlag (1997). (浅野哲夫訳, コ

ンピュータ・ジオメトリ — 計算幾何学：アルゴリズムと応用, 近代科学社 (1997)).

34) G. Desaulniers, J. Desrosiers and M. M. Solomon (eds.), *Column Generation*, Springer-Verlag (2005).

35) J. Desrosiers, F. Soumis and M. Desrochers, "Routing with time windows by column generation", *Networks*, **14**, 545–565 (1984).

36) K.A. Dowsland, "Optimising the palletisation of cylinders in cases", *OR Spektrum*, **13**, 204–212 (1991).

37) K. A. Dowsland, S. Vaid and W. B. Dowsland, "An algorithm for polygon placement using a bottom-left strategy", *European Journal of Operational Research*, **141**, 371–381 (2002).

38) H. Dyckhoff, "A typology of cutting and packing problem", *European Journal of Operational Research*, **44**, 145–159 (1990).

39) K. Easton, G. L. Nemhauser and M. A. Trick, "Sports scheduling", J. Y-T. Leung (ed.), *Handbook of Scheduling: Algorithms, Models, and Performance Analysis*, Chapman & Hall/CRC, 52-1–52-19 (2004).

40) J. Egeblad, B. K. Nielsen and A. Odgaard, "Fast neighborhood search for two- and three-dimensional nesting problems", *European Journal of Operational Research*, **183**, 1249–1266 (2007).

41) R.M. Erdahl, "Representability", *International Journal of Quantum Chemistry*, **13**, 697–718 (1978).

42) A. Feo and M. G. C. Resende, "A probabilistic heuristic for a computationally difficult set covering problem", *Operations Research Letters*, **8**, 67–71 (1989).

43) 藤岡久也, "双線形行列不等式の求解アルゴリズム", 計測と制御, **44**(8), 558–560 (2005).

44) 藤澤克樹, 久保幹雄, 森戸　晋, "Tabu search のグラフ分割問題への適用と実験的解析", 日本電気学会, 114-C(4) 号, 430–437 (1994).

45) 藤澤克樹, "半正定値計画問題に対する内点法ソフトウェア SDPA (Semidefinite Programming Algorithm)", オペレーションズ・リサーチ, **45**(3), 125–131 (2000a).

46) 藤澤克樹, "半正定値計画問題に対する内点法ソフトウェア SDPA (Semidefinite Programming Algorithm)", システム制御情報学会誌, **44**(2), 51–58 (2000b).

47) 藤澤克樹, "半正定値計画問題に対するソフトウェア", 電子情報通信学会誌, **86**(10), 777–778 (2003).

48) 藤澤克樹, "大規模最適化問題への挑戦 — クラスタ&グリッド計算の適用例について —", 情報処理, **45**(4), 372–376 (2004).

49) K. Fujisawa, M. Kojima, A. Takeda and M. Yamashita, "Solving large scale optimization problems via grid and cluster computing", *Journal of the Operations Research Society of Japan*, **47**(4), 265–274 (2004).

50) K. Fujisawa, K. Nakata, M. Yamashita and M. Fukuda, "SDPA project: Solving large-scale semidefinite programs", *Journal of the Operations Research Society of Japan*, **50**(4), 278–298 (2007).

51) M. Fukuda and M. Kojima, "Branch-and-cut algorithms for the bilinear matrix inequality eigenvalue problem", *Computational Optimization and Applications*,

19, 79–105 (2001).

52) M. Fukuda, B.J. Braams, M. Nakata, M.L. Overton, J.K. Percus, M. Yamashita and Z. Zhao, "Large-scale semidefinite programs in electronic structure calculation", Research Report B-413, Department of Mathematical and Computing Sciences, Tokyo Institute of Technology, February (2005).

53) 福島雅夫, 数理計画入門 (システム制御情報ライブラリー 15), 朝倉書店 (1996).

54) 福島雅夫, 非線形最適化の基礎, 朝倉書店 (2001).

55) M. Gamache and F. Soumis, "A method for optimality solving the rostering problem", G. Yu (ed.), *Operations Research in the Airline Industry*, Kluwer Academic Publishers, 124–157 (1998).

56) M.R. Garey, R.L. Graham, D.S. Johnson and A.C. Yao, "Resource constrained scheduling as generalized bin packing", *Journal of Combinatorial Theory, Series A*, **21**, 257–298 (1976).

57) M.R. Garey and D.S. Johnson, *Computers and Intractability: A Guide to the Theory of NP-Completeness*, W.H. Freeman and Company (1979).

58) C. Garrod and J.K. Percus, "Reduction of the N-particle variational problem", *Journal of Mathematical Physics* **5**, 1756–1776 (1964).

59) L. E. Ghaoui and H. Lebret, "Robust Solutions to Least-squares Problems with Uncertain Data", *SIAM Journal on Matrix Analysis and Applications*, **18**(4), 1035–1064 (1997).

60) P.C. Gilmore and R.E. Gomory, "A linear programming approach to the cutting-stock problem", *Operations Research*, **9**, 849–859 (1961).

61) P.C. Gilmore and R.E. Gomory "A linear programming approach to the cutting-stock problem — part II", *Operations Research*, **11**, 863–888 (1963).

62) K. C. Goh, M. G. Safonov and G. P. Papavassilopoulos, "Global optimization for the biaffine matrix inequality problem", *Journal of Global Optimization*, **7**, 365–380 (1995).

63) A.M. Gomes and J.F. Oliveira, "A 2-exchange heuristic for nesting problems", *European Journal of Operational Research*, **141**, 359–370 (2002).

64) A.M. Gomes and J.F. Oliveira, "Solving irregular strip packing problems by hybridising simulated annealing and linear programming", *European Journal of Operational Research*, **171**, 811–829 (2006).

65) B. Gopalakrishnan and E. L. Johnson, "Airline crew-scheduling: state-of-the-art", *Annals of Operations Research*, **140**, 305–337 (2005).

66) 後藤順哉, 武田朗子, "最小楕円に基づく領域判別", オペレーションズ・リサーチ, **51**(11), 696–701 (2006).

67) C. Helmberg, F. Rendl, R. J. Vanderbei and H. Wolkowicz, "An interior-point method for semidefinite programming" *SIAM Journal on Optimization* **6**, 342–361 (1996).

68) 枇々木規雄, 金融工学と最適化 (経営科学のニューフロンティア 5), 朝倉書店 (2001).

69) 枇々木規雄, 田辺隆人, ポートフォリオ最適化と数理計画法 (シリーズ〈金融工学の基礎〉5), 朝倉書店 (2005).

70) E. Hopper and B.C.H. Turton, “A review of the application of meta-heuristic algorithms to 2D strip packing problems”, *Artificial Intelligence Review*, **16**, 257–300 (2001).
71) 茨木俊秀, アルゴリズムとデータ構造, 昭晃堂 (1990).
72) 茨木俊秀, 福島雅夫, 最適化の手法, 共立出版 (1993).
73) T. Ibaraki, S. Imahori and M. Yagiura, “Hybrid metaheuristics for packing problems”, C. Blum, M. J. B. Aguilera, A. Roli and M. Sampels (eds.), *Hybrid Meta-Heuristics: A Emergent Approach for Optimization*, Springer-Verlag, 185–219 (2008).
74) 池上敦子, “我が国におけるナース・スケジューリング：モデル化とアプローチ”, 博士論文, 成蹊大学 (2001).
75) A. Ikegami and A. Niwa, “A subproblem-centric model and approach to the nurse scheduling problem”, *Mathematical Programming*, **97**, 517–541 (2003).
76) 今堀慎治, 梅谷俊治, “切出し・詰込み問題とその応用 — (2) 長方形詰込み問題”, オペレーションズ・リサーチ, **52**, 335–340 (2005).
77) S. Imahori, M. Yagiura and H. Nagamochi, “Practical algorithms for two-dimensional packing”, T. F. Gonzalez (ed.), *Handbook of Approximation Algorithms and Metaheuristics*, Chapman & Hall/CRC, 36/1–15 (2007).
78) T. Imamichi, M. Yagiura and H. Nagamochi, “An iterated local search algorithm based on nonlinear programming for the irregular strip packing problem”, Discrete Optimization, **6**, 345–361 (2009).
79) L. W. Jacobs and M. J. Brusco, “Note: A local-search heuristics for large set-covering problems”, *Naval Research Logistics*, **42**, 1129–1140 (1995).
80) J. M. Keil, “Polygon decomposition”, J. -R. Sack and J. Urrutia (eds.), *Handbook of Computational Geometry*, Elsevier Science B.V., 491–518 (1999).
81) H. Kellerer, U. Pferschy and D. Pisinger, *Knapsack Problems*, Springer-Verlag (2004).
82) M. Kenmochi, T. Imamichi, K. Nonobe, M. Yagiura and H. Nagamochi, “Exact algorithms for the 2-dimensional strip packing problem with and without rotations”, *European Journal of Operational Research*, **198**, 73–83 (2009).
83) D. Klabjan, “Large-scale models in the airline industry”, G. Desaulniers, J. Desrosiers and M. M. Solomon (eds.), *Column Generation*, Springer-Verlag, 163–195 (2005).
84) N. Kohl and S. E. Karisch, “Airline crew rostering: Problem types, modeling and optimization”, *Annals of Operations Research*, **127**, 223–257 (2004).
85) M. Kojima and L. Tuncel, “Discretization and localization in successive convex relaxation for nonconvex quadratic optimization problems”, *Mathematical Programming*, **89**, 79–111 (2000).
86) 小島政和, 土谷　隆, 水野眞治, 矢部　博, 内点法 (経営科学のニューフロンティア 9), 朝倉書店 (2001).
87) 小島政和, 脇　隼人, “多項式最適化問題に対する半正定値計画緩和”, システム/制御/情報, **48**(12), 477–482 (2004).

88) M. Kojima and M. Muramatsu, "An extension of sums of squares relaxations to polynomial optimization problems over symmetric cones", *Mathematical Programming*, **110**(2), 315–336 (2007).
89) 今野　浩, 鈴木久敏編, 整数計画法と組合せ最適化, 日科技連出版社 (1982).
90) 今野　浩, 線形計画法, 日科技連出版社 (1987).
91) H. Konno and H. Yamazaki "Mean-absolute deviation portfolio optimization model and its applications to Tokyo Stock Market", *Management Science*, **37** 519–531 (1991).
92) 今野　浩, 理財工学 I — 平均・分散モデルとその拡張 —, 日科技連出版社 (1995)
93) 今野　浩, 理財工学 II — 数理計画法における資産運用最適化 —, 日科技連出版社 (1998)
94) H. Konno, J. Gotoh and T. Uno, "A cutting plane algorithm for semi-definite programming problems adn applications to failure discrimination and cancer diagnosis", CRAFT WP 00-07, Center for Research in Advanced Financial Technology, Tokyo Institute of Technology (2000).
95) 今野　浩, 役に立つ一次式 — 整数計画法「気まぐれな王女」の 50 年, 日本評論社 (2005).
96) B. Korte and J. Vygen, *Combinatorial Optimization: Theory and Algorithms*, Springer-Verlag (2002). (浅野孝夫, 平田富夫, 小野孝男, 浅野泰仁訳, 組合せ最適化：理論とアルゴリズム, シュプリンガー・ジャパン (2005)).
97) 久保幹雄, ロジスティクス工学 (経営科学のニューフロンティア 8), 朝倉書店 (2001).
98) 久保幹雄, 田村明久, 松井知己編, 応用数理計画ハンドブック, 朝倉書店 (2002).
99) N. Larsen, H. Mausser and S. Uryasev, "Algorithms for optimization of value-at-risk", P. Pardalos and V. K. Tsitsiringos (eds.), *Financial Engineering, e-Commerce and Supply Chain*, Kluwer Academic Publishers, 129–157 (2002).
100) J. B. Lasserre, "Global optimization with polynomials and the problems of moments", *SIAM Journal on Optimization*, **11**, 796–817 (2001).
101) E. L. Lawler, "Fast approximation algorithms for knapsack problems", *Mathematics of Operations Research*, **4**, 339–356 (1979).
102) Z. Li and V. Milenkovic, "Compaction and separation algorithms for non-convex polygons and their applications", *European Journal of Operational Research*, **84**, 539–561 (1995).
103) A. Lodi, S. Martello and D. Vigo, "Heuristic and metaheuristic approaches for a class of two-dimensional bin packing problems", *Discrete Applied Mathematics*, **123**, 345–357 (1999).
104) A. Lodi, S. Martello and D. Vigo, "Recent advances on two-dimensional bin packing problems", *Discrete Applied Mathematics*, **123**, 379–396 (2002).
105) O. L. Mangasarian, "Linear and nonlinear separation of patterns by linear programming", *Operations Research*, **13**, 444–452 (1995).
106) S. Martello and P. Toth, *Knapsack Problems — Algorithms and Computer Implementations*, John Wiley & Sons (1990).
107) S. Martello and D. Vigo, "Exact solution of the two-dimensional finite bin packing

problem", *Management Science*, **44**, 388–399 (1998).
108) S. Martello, D. Pisinger and D. Vigo, "The three-dimensional bin packing problem", *Operations Research*, **48**, 256–267 (2000).
109) S. Martello, M. Monaci and D. Vigo, "An exact approach to the strip-packing problem", *INFORMS Journal on Computing*, **15**, 310–319 (2003).
110) 松井知己, "スポーツのスケジューリング", オペレーションズ・リサーチ, **44**, 141–146 (1999).
111) 森　正武, 杉原正顯, 室田一雄, 線形計算 (岩波講座応用数学), 岩波書店 (1994).
112) MPEC 研究会編, MPEC にもとづく交通・地域政策分析, 勁草書房 (2003).
113) M. Nakata, H. Nakatsuji, M. Ehara, M. Fukuda, K. Nakata and K. Fujisawa, "Variational calculations of fermion second-order rededuced density matrices by semidefinite programming algorithm", *Journal of Chemical Physics*, **114**, 8282–8292 (2001).
114) 中山弘隆, 谷野哲三, 多目的計画法の理論と応用, コロナ社 (1994).
115) S. Niar and A. Freville, "A Parallel Tabu Search Algorithm for the 0-1 Multidimensional Knapsack Problem", *In 11th Int. Parallel Proc. Symposium* (1997).
116) 日本 IBM システムズ・エンジニアリング, グリッド・コンピューティングとは何か, ソフトバンクパブリッシング (2004).
117) 野口悠紀雄, 金融工学, こんなに面白い, 文春文庫 (2000).
118) K. Nonobe and T. Ibaraki, "A tabu search approach to the constraint satisfaction problem as a general problem solver", *European Journal of Operational Research*, **106**, 599–623 (1998).
119) K. Nonobe and T. Ibaraki, "An improved tabu search method for the weighted constraint satisfaction problem", *INFOR*, **39**, 131–151 (2001).
120) 小原敦美, "数理計画法アプローチで新地平を拓く制御理論", 計測と制御, **44**(8), 515–518 (2005).
121) 岡部篤行, 鈴木敦夫, 最適配置の数理 (シリーズ〈現代人の数理〉3), 朝倉書店 (1992).
122) J.F. Oliveira, A.M. Gomes and J.S. Ferreira, "TOPOS — A new constructive algorithm for nesting problems", *OR Spectrum*, **22**, 263–284 (2000).
123) 小野　功, 水口尚亮, 中島直敏, 小野典彦, 中田秀基, 松岡　聡, 関口智嗣, 楯　真一, "Ninf-1/Ninf-G を用いた NMR 蛋白質立体構造決定のための遺伝アルゴリズムのグリッド化", 先進的計算基盤システムシンポジウム SACSIS 2005, IPSJ Symposium Series Vol.2005, No.5, 143–151 (2005).
124) T. Osogami and H. Okano, "Local search algorithms for the bin packing problem and their relationships to various construction heuristics", *Journal of Heuristics*, **9**, 29–49 (2003).
125) P. A. Parrilo, "Semidefinite programming relaxations for semialgebraic problems", *Mathmatical Programming*, **96**, 293–320 (2003).
126) D. J. Patel, R. Batta and R. Nagi, "Clustering sensors in wireless ad hoc networks operating in a threat environment", *Operations Research*, **53**(3), 432–442 (2005).
127) S. Petrovic and E. K. Burke, "University timetabling", J. Y-T. Leung (ed.), *Handbook of Scheduling: Algorithms, Models, and Performance Analysis*, Chapman &

Hall/CRC, 45-1–45-23 (2004).

128) D. Pisinger, "Heuristics for the container loading problem", *European Journal of Operational Research*, **141**, 382–392 (2002).

129) Y. Pochet and M. V. Vyve, "A general heuristic for production planning problems", *INFORMS Journal on Computing*, **16**(3), 316–327 (2004).

130) C. R. Reeves (ed.), *Modern Heuristic Techniques for Combinatorial Problems*, Blackwell Scientific Publications (1993). (横山隆一, 奈良宏一, 佐藤晴夫, 鈴木昭男, 荻本和彦, 陳　洛南訳, モダンヒューリスティックス — 組合せ最適化の最先端手法, 日刊工業新聞社 (1997)).

131) C. C. Ribeiro, M. Minoux and M. C. Penna, "An optimal column-generation-with-ranking algorithm for very large scale set partitioning problems in traffic assignment", *European Journal of Operational Research*, **41**, 232–239 (1989).

132) 沢木勝茂, ファイナンスの数理 (シリーズ〈現代人の数理〉8), 朝倉書店 (1994).

133) G. Scheithauer and J. Terno, "The modified integer round-up property for the one-dimensional cutting stock problem", *European Journal of Operational Research*, **84**, 562–571 (1995).

134) A. Scholl, R. Klein and C. Jürgens, "BISON: A fast hybrid procedure for exactly solving the one-dimensional bin packing problem", *Computers and Operations Research*, **24**, 627–645 (1997).

135) Y. G. Stoyan and G. Yas'kov, "A mathematical model and a solution method for the problem of placing various-sized circles into a strip", *European Journal of Operational Research*, **156**, 590–600 (2004).

136) K. Sugihara, M. Sawai, H. Sano, D.-S. Kim and D. Kim, "Disk packing for the estimation of the size of wire bundle", *Japan Journal of Industrial and Applied Mathematics*, **21**, 259–278 (2004).

137) P. Sun and R. M. Freund, "Computation of minimum volume covering ellipsoids", *Operations Research*, **52**, 690–706 (2004).

138) T. Suzuki and M. J. Hodgson, "Optimal facility location with multi-purpose trip making", *IIE Transactions*, **37**(5), 481–491 (2005).

139) P. E. Sweeney, "Cutting and packing problems: A categorized, application-oriented research bibliography", *Journal of Operational Research Society*, **43**, 691–706 (1992).

140) A. Takeda, K. Fujisawa, Y. Fukaya and M. Kojima, "Parallel implementation of successive convex relaxation methods for quadratic optimization problems", *Journal of Global Optimization*, **24**, 237–260 (2002).

141) A. Takeda, M. Kojima and K. Fujisawa, "Enumeration of all solutions of a combinatorial linear inequality system arising from the polyhedral homotopy continuation method", *Journal of the Operations Research Society of Japan*, **45**, 64–82 (2002).

142) 武田朗子, "不確実性下での最適化 — ロバスト最適化を中心に —", オペレーションズ・リサーチ, **51**(7), 420–423 (2006).

143) 竹原　均, ポートフォリオの最適化 (ファイナンス講座 5), 朝倉書店 (1997).

144) 武宮 博, 田中良夫, 中田秀基, 関口智嗣, “大規模長時間実行 Grid アプリケーションの実装と評価”, 先進的計算基盤システムシンポジウム SACSIS 2006, 351–358 (2006).
145) Y. Tanaka, H. Nakada, S. Sekiguchi, T. Suzumura and S. Matsuoka, “Ninf-G : A reference implementation of RPC-based programming middleware for grid computing”, *Journal of Grid Computing*, **1**, 41–51 (2003).
146) O. Toker and H. Özbay, “On the $\mathcal{NP}$-hardness of solving bilinear matrix inequalities and simultaneous stabilization with static output feedback”, *Proceeding of American Control Conference*, **21**, S125–128 (1995).
147) 刀根 薫, 経営効率性の測定と改善 包絡分析法 DEA による, 日科技連出版社 (1993).
148) 土谷 隆, “最適化アルゴリズムの新展開 — 内点法とその周辺 III 半正定値計画問題 I”, システム/制御/情報, **42**(8), 460–469 (1998).
149) 土谷 隆, “最適化アルゴリズムの新展開 — 内点法とその周辺 IV 半正定値計画問題 II”, システム/制御/情報, **42**(10), 550–559 (1998).
150) 梅谷俊治, 今堀慎治, “切出し・詰込み問題とその応用 — (1) 1 次元資材切出し問題”, オペレーションズ・リサーチ, **52**, 270–276 (2005a).
151) 梅谷俊治, 今堀慎治, “切出し・詰込み問題とその応用 — (3) 多角形詰込み問題”, オペレーションズ・リサーチ, **52**, 403–408 (2005b).
152) S. Umetani, M. Yagiura and T. Ibaraki, “One-dimensional cutting stock problem with a given number of setups: A hybrid approach of metaheuristics and linear programming”, *Journal of Mathematical Modeling and Algorithms*, **5**, 43–64 (2006).
153) S. Umetani and M. Yagiura, “Relaxation heuristics for the set covering problem”, *Journal of Operations Research Society of Japan*, **50**, 350–375 (2007).
154) S. Umetani, M. Yagiura, S. Imahori, T. Imamichi, K. Nonobe and T. Ibaraki, “Solving the irregular strip packing problem via guided local search for overlap minimization”, *International Transactions in Operational Research*, **16**, 661–683 (2009).
155) S. Uryasev and R. T. Rockafellar, “Optimization of conditional value-at-risk”, *Journal of Risk*, **2**(3), 21–41 (2000).
156) P.H. Vance, “Branch-and-bound algorithms for the one-dimensional cutting stock problem”, *Computational Optimization and Applications*, **9**, 211–228 (1998).
157) L. Vandenberghe and S. Boyd, “ Semidefinite Programming”, *SIAM Review*, **38**, 49–95 (1996).
158) F. Vanderbeck, “Computational study of a column generation algorithm for bin packing and cutting problems”, *Mathematical Programming, Series A*, **86**, 565–594 (1999).
159) V.N. Vapnik, *The Nature of Statistical Learning Theory*, Springer-Verlag (1995).
160) V. V. Vazirani, *Approximation Algorithms*, Springer-Verlag (2001). (浅野孝夫訳, 近似アルゴリズム, シュプリンガー・フェアラーク東京 (2002)).
161) H. M. Wagner and T. M. Whitin, “Dynamic version of the economic lot sizing model”, *Management Science*, **5**, 89–96 (1959).
162) H. Waki, S. Kim, M. Kojima and M. Muramatsu, “Sums of squares and semidef-

inite programming relaxations for polynomial optimization problems with structured sparsity", *SIAM Journal on Optimization*, **17**(1), 218–242 (2006).

163) H. Wang, W. Huang, Q. Zhang and D. Xu, "An improved algorithm for the packing of unequal circles within a larger containing circle", *European Journal of Operational Research*, **141**, 440–453 (2002).

164) G. Wäscher and T.Gau, "Heuristics for the integer one-dimensional cutting stock problem: A computational study", *OR Spectrum*, **18**, 131–144 (1996).

165) G. Wäscher, H. Haußner and H. Schumann, "An improved typology of cutting and packing problems", *European Journal of Operational Research*, **183**, 1109–1130 (2007).

166) 柳浦睦憲, 茨木俊秀, 組合せ最適化 — メタ戦略を中心として — (経営科学のニューフロンティア 2), 朝倉書店 (2000).

167) 柳浦睦憲, 野々部宏司, "分枝限定法 — さらなる計算効率の希求", システム/制御/情報, **50**, 350–356 (2006).

168) M. Yagiura, M. Kishida and T. Ibaraki, "A 3-flip neighborhood local search for the set covering problem", *European Journal of Operational Research*, **172**, 472–499 (2006).

169) M. Yamashita, K. Fujisawa and M. Kojima, "SDPARA: Semidefinite programming algorithm PARAllel version", *Journal of Parallel Computing*, **29**(8), 1053–1067 (2003a).

170) M. Yamashita, K. Fujisawa and M. Kojima, "Implementation and evaluation of SDPA 6.0 (Semidefinite programming algorithm 6.0)", *Journal of Optimization Methods and Software*, **18**(4), 491–505 (2003b).

171) 山下　真, "量子化学における超大規模半正定値計画問題と並列計算による高速求解", 日本オペレーションズ・リサーチ学会 RAMP 2006 シンポジウム予稿集, 191–207 (2006).

172) 山下智志, 市場リスクの計量化と VaR (シリーズ〈現代金融工学〉7), 朝倉書店 (2000).

173) G. Yu (ed.), *Operations Research in the Airline Industry*, Kluwer Academic Publishers (1998).

174) G. Yu and J. Yang, "On the robust shortest path problem", *Computers and Operations Research*, **25**, 457–468 (1998).

175) Z. Zhao, B.J. Braams, M. Fukuda, M.L. Overton and J.K. Percus, "The reduced density matrix method for electronic structure calculations and the role of three-index representability conditions", *Journal of Chemical Physics* **120**, 2095–2104 (2004).

索　　引

欧　文

0–1 整数計画問題（0–1IP） 7, 24, 85
1 次元資材切出し問題（1D cutting stock problem ; 1DCSP） 126
2 次元資材切出し問題（2DCSP） 132
2 次元ナップサック問題（2DKP） 132
2 次元ビンパッキング問題（2DBPP） 132
2 次錐（second-order cone） 55
2 次錐計画問題（second-order cone programming problem ; SOCP） 55
2 乗和（sum of squares ; SOS） 77
2 次割当問題（quadratic assignment problem; QAP） 25, 27

AMPL 13

BFDH 法（best-fit decreasing height algorithm） 134
BF 法（best-fit algorithm） 124
BL 法（bottom left algorithm） 134, 138

Condor 149
CVaR 最小化問題 52

DMU（decision making unit） 17

FFDH 法（first-fit decreasing height algorithm） 134
FFD 法（first-fit decreasing algorithm） 125
FF 法 (first-fit algorithm) 124

Globus Toolkit 149
GLPK（GNU linear programming kit） 13

KKT 条件（Karush–Kuhn–Tucker condition） 46

LP 緩和問題 28, 63, 88, 107, 120, 127

MPI 146

NFDH 法（next-fit decreasing height algorithm） 134
NFP（no-fit polygon） 137
NF 法 (next-fit algorithm) 124
Ninf 149
Ninf-G 149
$\mathcal{NP}$ 困難（$\mathcal{NP}$-hard） 25, 123, 124, 133

OpenMP 146

Pthreads 146

SDPA 66, 141
SDPA–GMP 66
SDPARA 153
SDP 緩和問題 63

ア　行

一様分割（uniform partition） 64
一般化方程式（generalized equation） 46

円詰込み問題（circle packing problem） 140

重み付き制約充足問題（weighted CSP ; WCSP） 43

カ　行

下界（lower bound） 2, 67
価格法（pricing method） 94
確率計画問題（stochastic programming problem） 71
下限（infimum ; inf F） 2
加重平均法（weighted mean method） 21
看護師スケジューリング問題（nurse rostering problem） 103, 111
完全最適解（absolutely optimal solution） 19
緩和法（relaxation method） 88
緩和問題（relaxation problem） 7, 88

擬多項式時間アルゴリズム（pseudo-polynomial time algorithm） 122
強双対定理（strong duality theorem） 12, 90, 108, 128
局所的最適解（locally optimal solution） 4
切出し・詰込み問題（cutting and packing problems） 119
ギロチンカット（guillotine cut） 131
均衡制約付き数理計画問題（mathematical program with equilibrium constraints ; MPEC） 48
近傍探索法（neighborhood search） 4
勤務スケジューリング問題（staff scheduling） 103

釘付けテスト（pegging test） 93
組合せ最適化問題（combinatorial optimization problem） 5
クラウド計算（cloud computing） 10, 142
クラスタ計算（cluster computing） 10
クラスタ計算機（PC クラスタ） 142, 146
グラフ分割問題（graph partitioning problem ; GPP） 63
グリッド計算（grid computing） 10, 142

決定変数（decision variable） 1

固有値分解（eigenvalue decomposition） 68
混合整数計画問題（mixed integer programming problem ; MIP） 7, 24
コンテナ詰込み問題（container loading problem） 140

サ　行

最急降下法（steepest descent method） 44
最小 2 乗法（least squares ; LS） 72
最小上界（least upper bound） 2
最小包囲楕円問題（minimum volume covering ellipsoid problem） 82
最大下界（greatest lower bound） 2
最短路問題（shortest path problem） 71
裁定評価理論（arbitrage pricing theory ; APT） 51
最適解（optimal solution） 1
最適化問題（optimization problem） 1
最適値（optimal value） 3
サポートベクターマシン（support vector machine ; SVM） 78

時間割作成問題（timetabling problem） 118
自己双対錐（self-dual cone） 55
自己双対性（self-duality） 58
施設配置問題（facility location problem） 25, 29, 88
実行可能解（feasible solution） 1, 58
実行可能集合（feasible set） 1
実行不能（infeasible） 1
資本資産評価モデル（capital asset pricing model ; CAPM） 51
弱双対定理（weak duality theorem） 59
シュアー補行列（Schur complement） 62
集合被覆問題（set covering problem ; SCP） 26, 35, 85, 106
集合分割問題（set partitioning problem ;

SPP） 26, 85, 106
主双対内点法（primal-dual interior-point method） 57
主双対法（primal-dual method） 96
主問題（primal problem） 12
巡回セールスマン問題（traveling salesman problem ; TSP） 25, 33
準ニュートン法（quasi-Newton method） 44
上界（upper bound） 67
上限（supremum ; sup F） 2
乗務員勤務スケジュール作成問題（crew rostering problem） 104
乗務員スケジューリング問題（crew scheduling problem） 36, 87, 103
乗務パターン作成問題（crew paring problem） 104

錐（cone） 54
錐計画問題（conic programming） 54
数理計画問題（mathematical programming problem） 1
ストリップパッキング問題（strip packing problem） 132, 137

整数計画問題（integer programming problem ; IP） 7, 24, 115, 126
整数ナップサック問題（integer KP ; IKP） 120, 128
正定値（positive definite） 58
制約化法（constrained method） 21
制約充足問題（constratint satisfaction problem ; CSP） 26, 115
制約条件（constraint） 1
制約プログラミング（constraint programming） 42
切除平面法（cutting-plane method） 33
線形行列不等式（linear matrix inequality ; LMI） 62, 78
線形計画問題（linear programming problem ; LP） 3, 11, 24
線形相補性問題（linear CP ; LCP） 46

全多項式時間近似スキーム（fully polynomial time approximation scheme ; FPTAS） 123

双線形行列不等式（bilinear matrix inequality ; BMI） 78, 83
双対ギャップ（duality gap） 59
双対錐（dual cone） 54
双対問題（dual problem） 12
相補性条件（complementary conditions） 59, 97
相補性問題（complementarity problem ; CP） 45

タ 行

大域的最適解（globally optimal solution） 4
対称錐（symmetric cone） 55
対称錐上の LP（LP over symmetric cones） 55
楕円体法（ellipsoid method） 11
多角形詰込み問題（two-dimensional irregular stock cutting problem） 136
多項式行列不等式（polynomial matrix inequality ; PMI） 78
多項式最適化問題（polynomial optimization problem ; POP） 8, 76
多項式時間アルゴリズム（polynomial time algorithm） 11
多次元ナップサック問題（multidimensional KP） 27
多目的線形計画問題（multi-objective LP ; MLP） 19
単体法（simplex method） 9, 11

逐次 2 次計画法（sequential quadratic programming） 44
逐次凸緩和法（sequential convex relaxation method） 148
長方形詰込み問題（rectangle packing problem） 130

直積（Cartesian product）　55

データマイニング（data mining）　78

等質錐（homogeneous cone）　54
動的計画法（dynamic programming）　120
凸 2 次計画問題（convex quadratic programming problem）　5
凸計画問題（convex programming problem）　5
凸錐（convex cone）　54
貪欲法（greedy algorithm）　96, 120

ナ　行

内点法（interior-point method）　11
ナップサック問題（knapsack problem ; KP）　25, 26, 119

ニュートン法（Newton method）　44

ハ　行

配送計画問題（vehicle routing problem ; VRP）　87, 144
パレート最適解（Pareto optimal solution）　20
パレット積込み問題（pallet loading problem）　133
半正定値（positive semidefinite）　58
半正定値計画問題（semidefinite programming problem ; SDP）　5, 57
半正定値線形相補性問題（semidefinite linear complementarity problem ; SDLCP）　46
半無限計画問題（semi-infinite program）　77

非線形計画問題（nonlinear programming problem）　44
非線形相補性問題（nonlinear CP ; NCP）　45
非凸 2 次計画問題（nonconvex quadratic programming problem）　63
非凸計画問題（non-convex programming problem）　5
非凸最適化問題（nonconvex optimization problem）　57
被約費用（reduced cost）　33, 89
非有界（unbounded）　2
標準型（standard form）　12
ビンパッキング問題（bin packing problem ; BPP）　123, 137

部分巡回路除去制約（subtour elimination constraint）　34
ブロック対角行列（block diagonal matrix）　151
分散コンピューティング（distributed computing）　142
分枝カット法（branch-and-cut method）　25, 33
分枝限定法（branch-and-bound method）　7, 25

平均・絶対偏差モデル（mean-absolute deviation model ; MAD）　51
平均・分散モデル（mean-variance model）　50
閉錐（closed cone）　54
閉凸錐（closed convex cone）　54, 58
並列計算技術（parallel computing）　142
ペナルティ関数法（penalty function method）　37
変数固定（variable fixing）　93
変分不等式問題（variational inequality problem）　46

包絡分析法（data envelopment analysis ; DEA）　16
ポートフォリオ（portfolio）　50
ホモトピー法（homotopy medthod）　149

マ 行

マキシミン法（maximin method） 21
マージン（margin） 80
マルチコアプロセッサ（multicore processor） 144
マルチスレッド（multi thread） 142

ミンコフスキー差（Minkowski difference） 137
ミンマックス法（minmax method） 21

メタヒューリスティックス（metaheuristics） 5
面積最小化問題（area minimization problem） 133

目的関数（objective function） 1
目標計画法（goal programming） 22

ヤ 行

有界（bounded） 3
有効フロンティア（効率的フロンティア）（efficient frontier） 51

容量スケーリング法（capacity slaling method） 40

ラ 行

ラグランジュ緩和法（Lagrangian relaxation method） 37
ラグランジュ緩和問題（Lagrangian relaxation problem） 37, 89
ラグランジュ乗数（Lagrangian multiplier） 37, 89
ラグランジュ双対問題（Lagrangian dual problem） 89
ラグランジュヒューリスティックス（Lagrangian heuristics） 99

離散最適化問題（discrete optimization problem） 5

劣勾配法（subgradient method） 91
列生成法（column generation method） 26, 33, 108, 127
劣微分（subdifferential） 45
レベル法（level algorithm） 133
連続最適化問題（continuous optimization problem） 5

ロットサイズ決定問題（lot sizing problem） 38
ロバスト最短路問題（robust shortest path problem） 71
ロバスト最適化（robust optimization） 57, 69
ロバストチェビシェフ近似問題（robust Chebyshev approximation problem） 74

ワ 行

ワイヤレスアドホックネットワーク（wireless ad hoc network） 30

著者略歴

藤澤克樹（ふじさわかつき）

1970年　山梨県に生まれる
1998年　東京工業大学大学院情報理工学研究科博士課程修了
現　在　中央大学理工学部経営システム工学科准教授
　　　　博士(理学)

梅谷俊治（うめたにしゅんじ）

1974年　東京都に生まれる
2002年　京都大学大学院情報学研究科博士課程指導認定退学
現　在　大阪大学大学院情報科学研究科准教授
　　　　博士(情報学)

応用最適化シリーズ3
応用に役立つ50の最適化問題　　定価はカバーに表示

2009年 8月25日　初版第1刷
2021年12月25日　　　第10刷

著　者　藤　澤　克　樹
　　　　梅　谷　俊　治
発行者　朝　倉　誠　造
発行所　株式会社　朝　倉　書　店
東京都新宿区新小川町6-29
郵便番号　162-8707
電　話　03(3260)0141
FAX　03(3260)0180
https://www.asakura.co.jp

〈検印省略〉

中央印刷・渡辺製本

ISBN 978-4-254-11788-2 C 3341　　Printed in Japan